Selmi Fahmi

# Les Inondations de la Moyenne Vallée de la Medjerda

Selmi Fahmi

# Les Inondations de la Moyenne Vallée de la Medjerda

## Modélisation Hydrologique et Hydraulique de La Moyenne Vallée de La Medjerda

Éditions universitaires européennes

**Impressum / Mentions légales**

Bibliografische Information der Deutschen Nationalbibliothek: Die Deutsche Nationalbibliothek verzeichnet diese Publikation in der Deutschen Nationalbibliografie; detaillierte bibliografische Daten sind im Internet über http://dnb.d-nb.de abrufbar.

Information bibliographique publiée par la Deutsche Nationalbibliothek: La Deutsche Nationalbibliothek inscrit cette publication à la Deutsche Nationalbibliografie; des données bibliographiques détaillées sont disponibles sur internet à l'adresse http://dnb.d-nb.de.

Coverbild / Photo de couverture: www.ingimage.com

Verlag / Editeur:
Éditions universitaires européennes
ist ein Imprint der / est une marque déposée de
OmniScriptum GmbH & Co. KG
Heinrich-Böcking-Str. 6-8, 66121 Saarbrücken, Deutschland / Allemagne
Email: info@editions-ue.com

Herstellung: siehe letzte Seite /
Impression: voir la dernière page
**ISBN: 978-3-8417-4594-1**

# *Sommaire*

# Liste des tableaux

# Liste des figures

# Liste des abréviations

**BV** : Bassin Versant

**DGRE** : Direction Général des ressources en eau

**ESIER** : Ecole Supérieur des Ingénieurs de Medjez El Bab

**HEC-GEORAS:** Geospatial data for use with Hydrologic Engineering Center River Analysis System

**HEC-HMS:** Hydrologic Engineering Center for Hydraulic Modeling System

**HEC-RAS:** Hydrologic Engineering Center for River Analysis System

**IDF**: Intensité-Durée-Fréquence

**ENVI:** Environment for visualizing Images

**NASA:** National Aeronautics and Space Administration

**USGS:** Unites States Geological Survey

# INTRODUCTION GENERALE

Les inondations sont au rang de premier risque naturel, à l'échelle mondial. Dans les dernières décennies, les dommages engendrés par les inondations ont été particulièrement importants. L'importance de ces dommages est principalement imputable à une urbanisation et une industrialisation passées en plaine d'inondation, qui ont eu pour conséquence une augmentation de la vulnérabilité des biens et des personnes. Les enjeux très importants liés aux inondations expliquent les efforts qui sont aujourd'hui mis en oeuvre pour analyser et comprendre ce phénomène afin d'informer la population et de définir des mesures ou aménagements limitant ce risque. Il est nécessaire donc de bien cerner les différents scénarios d'inondation et d'évaluer leurs conséquences.

En Tunisie, le problème se pose sérieusement dans le bassin-versant de la Medjerda, particulièrement dans la moyenne vallée qui était, à titre d'exemple, envahie par les eaux, au moins trois fois au cours des quatre dernières années. Malgré toutes les constructions des barrages depuis 50 ans jusqu'à nos jours, dont l'objectif principal est de protéger la vallée de la Medjerda contre les inondations, les crues récentes notamment celles de janvier et février 2003 ont montré que les villes riveraines de ce fleuve nécessitent plus de protection contre de tels risques. En effet, le risque de fortes inondations existe encore pour des villes comme Medjez El Bab et Jdeida, bien que le barrage de Sidi Salem situé à l'amont ait une capacité de stockage de 814 millions de m3 en régime normal.

La présente contribution consiste à étudier la dynamique fluviale de la Medjerda en aval de barrage Sidi Salem. Cette étude a trait en particulier, au comportement de l'écoulement dans l'oued lors des débordements, pendant les crues qui correspond à des périodes de retour 5, 10, 20, 50 et 100 ans et pendant les débits lâchées de barrage Sidi Salem. L'élaboration de carte d'inondation de la Moyenne Vallée de la Medjerda nous permet de choisir l'aménagement le plus adéquate pour protéger la ville de Medjez El Bab.

# Chapitre I : Etude bibliographique

## I.1 Bassin versant

### I.1.1 Notion d'un Bassin versant

Le bassin versant représente l'unité géographique sur laquelle se base l'analyse du cycle hydrologique et de ses effets ; c'est l'aire limitée par le contour à l'intérieur duquel l'eau précipitée se dirige vers un point de cours de son rivière. Si le sol est imperméable, il est bien évident que les limites du bassin sont définies topographiquement par la ligne de crête le séparant d'un bassin voisin (bassin topographique). Pour les sols perméables le bassin versant réel peut différer du bassin topographique mais, sauf dans le cas d'une circulation interne particulièrement intense (terrain karstique, basaltes, couches sableuses très puissantes), cet effet est surtout sensible pour de très petit bassin. En pratique, on admet la plupart de temps que le bassin versant coïncide avec le bassin topographique. (J.P Laborde, 2000).

### I.1.2 Composants d'une rivière

Le lit d'une rivière étant façonné par les eaux qu'il transporte, on conçoit que ses dimensions soient fortement liées au régime hydrologique et seuls les alentours immédiats des rivières sont affectés par les inondations par débordement des cours d'eau. Il possible partiellement de caractériser la rivière par son lit majeur, lit moyen et lit mineur. (G. Degoutte, 2004).

#### I.1.2.1 Lit Majeur

Le lit majeur est la plaine inondable. Il est limité par les plus hautes eaux. Les parties extrêmes du lit majeur ne sont mise en eau que pour les crues extrêmes avec une hauteur d'eau assez faible. Les vitesses d'écoulements y sont faibles et les particules les plus fines (limons, argiles) se déposent par sédimentation. Ces zones sont généralement extrêmement plates et les limites précises du lit majeur ne sont pas faciles à délimiter dans les grandes plaines alluviales. (G. Degoutte, 2004).

### I.1.2.2 Lit moyen

Pour certaines rivières, il peut être distingué un lit moyen (ou intermédiaire) qui est inondé pour des crues dont la période de retour est de l'ordre de 1 à 5 ans et qui est constitué de bands éventuellement végétalisés par des arbustes et arbres à bois tendre. Du point de vue hydraulique, le lit moyen participe aux écoulements des crues alors que le lit majeur joue plutôt un rôle de stockage. Du point de vue morphologique, le lit moyen est fréquemment remanié : on parle de bande active. (G. Degoutte, 2004).

### I.1.2.3 Lit mineur

Le lit mineur est l'espace occupé par l'écoulement pour des crues courantes. Il est toujours constitué d'un ou plusieurs chenaux bien marqués. Le tracé du lit mineur peut se déplacer plus ou moins rapidement selon la dynamique du cours d'eau. En fait, le tracé du lit mineur est susceptible de balayer tout le lit majeur, pour une échelle de temps de quelques milliers d'années. Dans le cas des rivières à bras multiples séparés par des bancs, le lit mineur est composé par l'ensemble du lit et des bancs non fixés par la végétation. (G. Degoutte, 2004).

## I.2 Inondation

### I.2.1 Définition

L'inondation peut être définie comme étant la submersion temporaire de terrains normalement hors d'eau, provoquée par l'apport exceptionnel et plus ou moins rapide d'une quantité d'eau supérieure à celle que peut drainer les lits de l'oued. De façon plus pragmatique, on admet qu'une rivière est en crue lorsqu'elle déborde des limites de son lit mineur. La grande majorité des inondations se produisent à la suite de précipitations importants, soit sur des courtes durées (crues torrentielles), soit sur des durées plus longues, quand les nappes phréatiques et les aquifères sont saturés et rendent l'infiltration impossible. En général fortes pluies, crues fluviales, remontées des nappes sont concomitantes. (Bahlous, 2002).

### I.2.2 Notion de risque d'inondation

Le risque d'inondation est la conséquence de deux composantes : l'homme qui s'installe dans l'espace alluvial pour y implanter toutes sortes de constructions, d'équipements et d'activités. et l'eau qui peut sortir de son lit habituel d'écoulement. (Igoulen, 1997).

### I.2.3 Le bassin de risque

Le bassin de risque d'inondation correspond à une entité géographique cohérente par rapport à des critères topographiques, géologiques, morphologiques et hydrodynamiques dont l'occupation conduit à exposer les hommes, leurs biens ou leurs activités aux aléas d'inondation. Son étude permet une meilleure compréhension des cours d'eau (perméabilité des sols, valeur des pentes, coefficient de ruissellement, vitesse d'écoulement, etc.). Les limites d'un bassin de risque dans le cas des inondations, peuvent correspondre à celles du bassin versant du cours d'eau principal ou d'un sous bassin affluent. (Igoulen, 1997).

### I.2.4 L'aléa

L'aléa est la manifestation d'un phénomène d'occurrence et d'intensité donnée susceptible d'engendrer des dommages. Il représente un évènement menaçant ayant une probabilité d'occurrence dans une région au cours d'une période donnée. L'aléa inondation consiste à évaluer la probabilité d'occurrence en un site ou une région, d'être exposé à une submersion par des eaux. De plus, le degré de l'aléa dépend de la hauteur d'eau et de la vitesse d'eau susceptible d'être rencontrées. (Guiton, 1998)

### I.2.5 Les enjeux

Les enjeux représentent l'ensemble des personnes et des biens susceptibles d'être affectés par un phénomène naturel. Ils sont généralement classés en trois types :

#### ✤ Les enjeux humains

Lors de crues et inondations importantes, de nombreuses personnes peuvent être emportées ou noyées par les courants, se retrouver blessées, déplacées ou sans abri.

#### ✤ Les enjeux économiques

Les inondations peuvent engendrer des dommages conséquents aussi bien aux habitations qu'à toute autre activité humaine en bordure des cours d'eau (agriculture, industrie, commerce, loisirs, etc.). L'interruption des communications peut gêner, voire empêcher l'intervention des secours. Par ailleurs, on estime que les dommages indirects (perte d'activité, chômage technique, etc.) sont souvent plus importants que les dommages directs occasionnés aux biens mobiliers et immobiliers.

### ✎ Les enjeux environnementaux

Les dégâts au milieu naturel sont dus à l'érosion, aux déplacements du lit ordinaire, aux dépôts de matériaux, etc. Les phénomènes d'érosion, de charriage, de suspension de matériaux et d'alluvionnement participent à l'évolution du milieu naturel dans ses aspects positifs comme négatifs. Pour les zones industrielles situées en zone inondable, un risque de pollution et d'accident technologique est à prendre en compte. (IPSEAU, 2005).

## I.2.6  La vulnérabilité

Fondamentalement, la vulnérabilité est la blessure ou l'endommagement résultant d'une sollicitation ou agression externe. En fait la vulnérabilité doit s'appréhender à deux niveaux. Le premier niveau est un niveau direct. C'est le niveau d'affectation par le phénomène des trois catégories d'éléments directement en jeu : les biens, les activités et fonctions sociales et les personnes physiques. On parle d'endommagement pour les biens, de dysfonctionnement pour les fonctions et activités, de préjudices pour les personnes. Le deuxième niveau est celui utilisé en sciences sociales et qui considère les dommages potentiels ou constatés sous l'angle de la société. Il s'agit bien alors de caractériser tous les éléments de faiblesse d'une société donnée vis-à-vis d'agressions ou de problèmes externes auxquels elle n'est pas ou est mal préparée. On rejoint là les facteurs d'amplification évoqués au chapitre précédent en matière de menaces. (Dutruy, 2001)

## I.2.7  La mitigation

C'est la réduction de la vulnérabilité ou mesures de prévention, de protection et de sauvegarde, collectives ou particulières, à mettre en œuvre pour réduire globalement la vulnérabilité des biens et des personnes. (Ledoux, 1995).

## I.3 Crues

### I.3.1 Définition

Une crue correspond à l'augmentation du débit d'un cours d'eau, dépassant plusieurs fois le débit moyen, elle se traduit par une augmentation de la hauteur d'eau dans le lit de l'oued (Bahlous, 2002).

On associe souvent à la notion de crue la notion de période de retour (crue décennale, Centennale, etc.), plus cette période est grande, plus les débits et l'intensité sont importants. On distingue :

- ✎ Les crues fréquentes : dont la période de retour est comprise entre un et deux ans.
- ✎ Les crues moyennes : dont la période de retour est comprise entre dix et vingt ans.
- ✎ Les crues exceptionnelles : dont la période de retour est de l'ordre de cent ans.
- ✎ La crue maximale vraisemblable : qui occupe l'intégralité du lit majeur.

### I.3.2 Processus de formation des crues et d'inondations

Comprendre le processus à l'origine des crues et des inondations suppose d'analyser les différents facteurs contribuant à la formation et à l'augmentation temporaire des débits d'un cours d'eau.

#### I.3.2.1 L'eau mobilisable

La source de l'eau mobilisable capable d'engendrer des inondations peut s'agir :

- ✎ de la fonte de neiges ou de glaces au moment d'un redoux, associée ou non à des pluies ;
- ✎ des pluies répétées et prolongées de régime océanique, qui affecteront plutôt un grand bassin versant ;
- ✎ d'averses relativement courtes mais intenses qui pourront toucher la totalité de la superficie de petits bassins versants de quelques kilomètres carrés.

### I.3.2.2 Le ruissellement

Le ruissellement étroitement lié à la nature du sol et de son occupation de surface, correspond à la part de l'eau qui n'a pas été interceptée par le feuillage, ni restituée à l'atmosphère par évaporation, et qui n'a pas pu s'infiltrer, ou qui resurgit très rapidement après infiltration et écoulement hypodermique ou souterrain. Il sera donc d'autant plus faible que la couverture végétale sera dense (arbres, herbes et tapis d'humus) et que les sols seront profonds et non saturés par des épisodes pluvieux récents. Inversement, l'imperméabilisation des sols due à l'urbanisation (infrastructures, constructions) le favorisera. Par ailleurs, l'intensité de la pluie joue aussi un rôle non négligeable en créant, au-delà d'une certaine valeur, un film d'eau à la surface du sol, qui va conduire à un écoulement maximum.

### I.3.2.3 Le temps de concentration

Le temps de concentration est défini par la durée nécessaire pour qu'une goutte d'eau ayant le plus long chemin hydraulique à parcourir parvienne jusqu'à l'exutoire. Il est donc fonction de la taille et de la forme du bassin versant, de la topographie et de l'occupation des sols.

### I.3.2.4 La propagation de la crue

L'eau de ruissellement se rassemble dans un axe drainant où elle forme une crue qui se propage vers l'aval. Le débit de pointe de la crue est d'autant plus amorti et sa propagation ralentie que le champ d'écoulement est plus large et que la pente est plus faible.

### I.3.2.5 Le débordement

Le phénomène de débordement est consécutif à la propagation d'un débit supérieur à celui que peut évacuer le lit mineur, dont la capacité est généralement limitée à des débits de crues de période de retour de l'ordre de 1 à 5 ans. Il peut se produire une ou plusieurs fois par an ou seulement tous les dix ans en moyenne voire tous les cent ans. En débordant, l'eau alimente massivement la nappe phréatique située sous le champ d'inondation et approvisionne les milieux de vie des végétaux et des animaux aquatiques ou hygrophiles.

## I.4 Les types d'inondations

La typologie suivante tient compte de l'origine météorologique de l'événement pluvieux et de la nature du terrain de son relief.

### I.4.1 Les inondations de plaine par débordement des cours d'eau

#### I.4.1.1 Inondations lentes de plaine

Les inondations lentes de plaine se produisent lorsque la rivière sort lentement de son lit mineur et inonde la plaine pendant une période relativement longue. La rivière occupe son lit moyen et éventuellement son lit majeur. (1)

#### I.4.1.2 Inondations rapide de plaine

Elles peuvent résulter d'un événement localisé et grossier par exemple une rupture de digue et restent imprévisibles dans le temps et dans l'espace. (1)

#### I.4.1.3 Inondations de plaine par débordement de la nappe

Après une ou plusieurs années pluvieuses, il arrive que la nappe affleure et qu'une inondation spontanée se produise : on parle **d'inondation par remontée de nappe phréatique.** Ce phénomène concerne particulièrement les terrains bas ou mal drainés.

#### I.4.1.4 Inondations torrentielles

Lorsque des précipitations intenses, telles des averses violentes, tombent sur tout un bassin versant, ou sur une portion de bassin versant, les eaux ruissellent et se concentrent rapidement dans le cours d'eau, engendrant des inondations torrentielles brutales et violentes. Le cours d'eau transporte de grandes quantités de sédiments, ce qui se traduit par une forte érosion du lit et un dépôt des matières transportées. Ces dernières peuvent former des barrages, appelés embâcles, qui, s'ils viennent à céder, libèrent une énergie pouvant aggraver les dégâts.

#### I.4.1.5 Inondations par crues éclair

Les inondations rapides correspondent à des crues dont le temps de concentration des eaux est, par convention, inférieur à 12 heures. Elles se forment dans une ou plusieurs des conditions suivantes : averse intense à caractère orageux et localisé, pentes fortes, vallée étroite sans effet notable d'amortissement ni de laminage. Ce phénomène se produit principalement en montagne et en région méditerranéenne, mais il peut aussi se rencontrer dans beaucoup d'autres régions, surtout sur les petits bassins versants lors des orages d'été. (Boubchir, 2008).

### I.4.1.6 Inondations par ruissellement superficiel

Une inondation par ruissellement pluvial est provoquée par « les seules précipitations tombant sur l'agglomération, et (ou) sur des bassins périphériques naturels ou ruraux de faible taille, dont les ruissellements empruntent un réseau hydrographique naturel (ou artificiel) à débit non permanent, ou à débit permanent très faible, et sont ensuite évacués par le système d'assainissement de l'agglomération [ou par la voirie]. Il ne s'agit donc pas d'inondation due au débordement d'un cours d'eau permanent, traversant l'agglomération, et dans lequel se rejettent les réseaux pluviaux » (Desbordes M, 2006).

## I.5 Les causes d'inondations

L'écoulement rapide de crue résulte d'une crise pluviale de forte intensité, de précipitations pluvieuses remarquables par leur durée et leur extension spatiale ainsi que de plusieurs autres facteurs. (SCARWELL et LAGANIER, 2004).

### I.5.1 Les fortes pluies

La cause quasi unique des inondations, au sens facteur déclenchant, est l'importance des précipitations. En fait la pluie est la cause fondamentale des crues dont les inondations sont les manifestations. En Tunisie, ce sont des événements pluvieux exceptionnels, et non la pluie seule, qui engendre des inondations ; en effet les pluies se caractérisent par leur grande irrégularité dans le temps et l'espace ainsi que par leur caractère parfois torrentiel et violent. Les pluies que reçoit une région donnée, en quelques jours, voire en quelques heures, peuvent être très impressionnantes. Elles dépassent en certain cas, la moyenne annuelle de cette région et plusieurs fois la moyenne du mois au cours duquel elles surviennent (BEN OTHMAN, 2005).

### I.5.1.1 Morphologie des cours d'eaux

Les précipitations brutales et durables contribuent beaucoup au rehaussement du niveau d'eau dans les cours d'eau, provoquant leurs débordements et l'inondation des zones voisines.

L'écoulement de la crue diffère d'un cours d'eau à l'autre. Ceci est dû principalement à la morphologie des tronçons traversés. En effet, la propagation d'une onde de crue n'est pas la même selon que l'on considère un tronçon rectiligne ou avec méandres. Les vitesses de propagation des flots de crue varient d'un secteur à l'autre selon les pentes, les rayons, les formes du lit majeur et les aménagements. En effet, la pente exerce une influence directe sur la rapidité de l'écoulement et donc sur la puissance de la crue (Ouslati, 1999).

### I.5.1.2 Influence des facteurs humains

Les facteurs anthropiques constituent des facteurs aggravants et ont un rôle fondamental dans la formation et l'augmentation des débits des cours d'eau.

## I.5.2 Urbanisation et implantation des activités dans les zones inondables

Elles constituent la première cause d'aggravation du phénomène. En parallèle, l'augmentation du niveau de vie et le développement des réseaux d'infrastructures ont accru dans des proportions notables la valeur globale des biens et la fragilité des activités exposées (vulnérabilité).

## I.5.3 Aménagement hydraulique

Beaucoup de rivières ont été modifiées localement sans se soucier des conséquences en amont ou en aval. Ces aménagements (suppression de méandres, endiguement, etc.) peuvent avoir pour conséquences préjudiciables l'accélération de crues en aval et l'altération du milieu naturel.

## I.5.4 La défaillance des dispositifs de protection

Le rôle des dispositifs de protection (digues, déversoirs) peut être limité. Leur mauvaise utilisation et leur manque d'entretien peuvent parfois exposer davantage la plaine alluviale que si elle n'était pas protégée.

### I.5.5 L'utilisation ou l'occupation des sols sur les pentes des bassins versants

Toute modification de l'occupation du sol (déboisement, suppression des haies, pratiques agricoles, imperméabilisation) empêchant le laminage des crues et la pénétration des eaux, favorise une augmentation du ruissellement, un écoule- ment plus rapide et une concentration des eaux.

### I.6 Les dégâts des inondations

Les inondations font beaucoup d'impacts qui entraînent de grandes pertes. Il existe principalement trois grandes catégories d'atteintes que créent ces inondations :

### I.6.1 Impacts sur les personnes

Les risques d'une inondation pour les personnes sont d'abord les accidents (noyades, chutes, électrocution) dont la gravité varie selon l'intensité et la rapidité des phénomènes. Un événement lent et long peut entraîner des risques sanitaires liés au manque d'eau potable, au dysfonctionnement des structures de santé, etc. Les impacts sur la santé concernent aussi les conséquences psychologiques du drame pour les personnes qui se retrouvent éloignées de leur habitation, qui perdent leurs biens personnels ou leur emploi suite à la rupture de l'activité économique. [i4]

### I.6.2 Impacts sur l'activité économique

Les inondations peuvent entraîner la paralysie économique d'un territoire. La réparation ou la reconstruction des biens (privés ou publics) détruits ainsi que les dommages sur les différents réseaux (transports, télécommunications, eau, énergie) entraînent un coût important pour la société. Les inondations ont aussi des répercussions sur les activités économiques, car elles peuvent entraîner des interruptions dans la production ou de lourdes pertes financières (bâtiments et outils endommagés, stocks et récoltes perdues, etc.). La vulnérabilité des activités dépend également de leur couverture assurantielle, variable selon les différents types de dommages. [i4]

### I.6.3 Impacts sur l'environnement

Les crues peuvent avoir des effets positifs pour l'environnement : remplissage des nappes, fertilisation des sols (par le dépôt de sédiments), participation à la biodiversité des espaces alluviaux et contribution, par l'apport de sédiments, à la lutte contre l'érosion des deltas. Elles ont aussi des impacts négatifs car elles peuvent être responsables d'une érosion massive (notamment en zone côtière) et peuvent toucher des sources de pollution comme des sites industriels ou bien des sols pollués ou traités aux pesticides qui vont ensuite affecter l'ensemble des terrains inondés. Elles peuvent aussi causer des accidents technologiques majeurs (risque technologique, sites nucléaires). [i3]

### I.7 Actions de préventions et de secours

Face au risque d'inondation, l'Etat a un rôle de prévention qui se traduit notamment par des actions d'information et une politique d'entretien et de gestion des cours d'eau. De plus l'Etat à son charge la prise en compte du risque dans les documents d'urbanisme et l'Etat la réalisation des plans de prévention de risques naturels pour les communes les plus menacés. [i2].

### I.7.1 Prévision des crues

L'inondation est un risque prévisible dans son intensité, mais il est difficile de connaitre le moment où elle se manifestera. Les paramètres concourant à la formation des crues sont nombreux, cependant l'un d'eux est déterminant : la pluie. La prévision des inondations consiste donc principalement en une observation continue des précipitations. A l'aide d'un système rapide de collecte et de transmission des données qui fonctionnerait en temps réel, il serait possible de prévoir les inondations dès les premières heures de la pluie. L'enregistrement des pluies permet de simuler l'onde de crues avant qu'elle ne se produise à l'aide de modèles prévisionnels de crue. De ce fait la population menacée est informée en temps opportun pour organiser l'urgence de l'aide.

### I.7.2 Prévention des crues

La prévention regroupe l'ensemble des dispositions à mettre en œuvre pour réduire l'impact d'un phénomène naturel prévisible sur les personnes et les biens. En matière d'inondation, il est difficile d'empêcher les évènements de se produire. De plus les ouvrages de protection collectifs, comme les digues, ne peuvent garantir une protection absolue et procurent un faux sentiment de sécurité. En conséquence, le meilleur moyen de prévention contre les risques d'inondation est d'éviter d'urbaniser les zones exposées. Pour autant, de nombreuses habitations existent déjà dans ces zones. [i5]

## I.8   Modélisation hydrologique

### I.8.1   Définition

la modélisation du comportement hydrologique des bassins versants est incontournable des lors que l'on s'intéresse à des problématiques relatives à la gestion des ressources en eau, à l'aménagement du territoire, ou à l'une des différents facettes du risques hydrologique. Elle doit pouvoir décrire les différents étapes de la transformation pluie-débit et en particulier les processus liés à la formation des crues et à l'apparition des étiages. Elle est censée aussi fournir des informations exploitables pour le dimensionnement d'ouvrages hydrauliques, de protection contre les crues ou pour la gestion hydrologique et écologique de bassin versant étudié. Un modèle hydrologique n'est qu'une représentation simplifier d'un système complexe. (Payraudeau, 2002) .A chaque stade de la modélisation, des approximations sont réalisées : perception de phénomène, formalisation en un cadre conceptuel, traduction dans un langage de programmation. (Ambroise, 1999). Cette représentation se fait grâce à un ensemble d'équations mathématiques qui sont appelées à reproduire le système. On distingue quatre types de variables qui peuvent exister en totalité ou en partie de chaque modèle :

- ✎ Variables d'entrées : le modèle fait appel à ces variables qui dépendent de temps et/ou de l'espace (pluie, ETP, caractéristiques physiques et hydrodynamiques du milieu,..).
- ✎ Variables de sorties : le modèle répond par un ensemble de variables (débits, flux ou concentration en polluants,…).
- ✎ Variables d'état : Elles permettant de caractériser l'état de du système modéliser et peuvent évoluer en fonction de temps (niveau de remplissage des réservoirs d'eau d'un bassin versant, taux de saturation des sols, profondeur des sols, pentes…).
- ✎ Paramètres de calage : En plus des variables, la modélisation fait intervenir des variables dont la valeur doit être déterminer par calage (conductivité hydraulique à saturation,…). (Gaume, 2002).

Les variables cités ci-dessus interviennent dans la modélisation hydrologique par l'intermédiaire de deux fonctions : *une fonction de production* et *une fonction de transfert*. La fonction de production : c'est une représentation simple mais réaliste, des différentes voies que suivra l'eau de pluie, entre le moment où elle atteint le sol et celui où elle rejoint le cours d'eau. (Morin, 1991). Elle exprime la transformation de la pluie brute en pluie nette, définie comme la fraction de la pluie brute qui contribue effectivement au ruissellement. En d'autres termes elle permet de calculer la quantité d'eau qui va s'écouler à l'exutoire d'un bassin ou sous-bassin versant.

La fonction de transfert : c'est la fonction qui permet de transférer, comme son nom l'indique, la quantité d'eau déterminée par la fonction de production, vers le cours d'eau. Elle permet la transformation de la pluie nette en un hydrogramme à l'exutoire du bassin versant, donc, de donner une forme à la crue dont le volume a été déterminé par la fonction de production, en simulant l'hydrogramme de crue à l'exutoire.

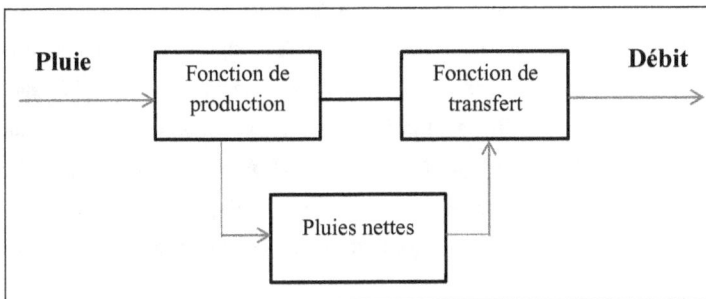

**Schéma d'un modèle hydrologique**

## I.8.2  Classification des modèles

Le développement des moyes de calcul informatiques est l'un des principaux facteurs qui ont contribué au développement de domaine de modélisation hydrologique depuis des années de 60, avec la création des dizaines de modèle. Encore aujourd'hui, de nouveaux modèles sont très souvent proposés dans la littérature. Cette prolifération est due essentiellement à la diversité des approches possibles, qui reposent sur des concepts et des points de vue différents sur la façon de représenter la réponse d'un bassin versant à des évènements de pluie. Cependant, il faut un certain degré d'ignorance sur la meilleure façon de modéliser la relation pluie-débit. Compte tenu de la complexité et la diversité des systèmes observés, il est probable que la solution miracle n'existe pas. (Perrin, 2000).

De nombreux modèles de classification ont été proposés et il y a presque autant de classifications que les hydrologues. La difficulté de trouver une classification unifiée provient du fait que la grande diversité des approches conduit à une aussi large gamme de caractéristiques du modèle. (Perrin, 2000)

### I.8.2.1 Le modèle mathématique

Les modèles mathématiques sont de nature *déterministe*, s'appuyant sur des équations phénoménologiques (modèle à base physique) ou sur des schémas de fonctionnement (modèle conceptuels), *probabiliste*. Dans le premier cas c'est une valeur bien précise qui est associée aux variables et aux paramètres, alors que dans le second ce sont des distributions de probabilité qui sont associées à ces grandeurs. Les modèles mathématiques seront transitoires ou permanents selon que l'on prendra ou non en compte une variation des variables modélisées au cours du temps. Ils seront distribués ou agrégés selon que l'on introduira ou non une variabilité spatiale de leurs paramètres. Le modèle mathématique n'est pas une pure abstraction : il doit être traduit en programme pour être animé sur un ordinateur ou l'on pourrait rechercher une discrète mais bien réelle analogique électronique. (Hubert, 1996).

### I.8.2.2 Le modèle événementiel

Les modèles événementiels visent la simulation d'événements hydrologiques choisis sans s'intéresser aux périodes inter-événements ils sont principalement été développés pour simuler la transformation des pluies en débits dans le cadre de la prédétermination ou de la prévision des débits de crue. L'application d'un modèle événementiel nécessite l'estimation des conditions initiales de la simulation pour chaque événement considéré. Ceci constitue une des principales difficultés des approches événementielles. (Musy et al, 2005)

### I.8.2.3 Le modèle global ou distribué

Selon comment sont considérés le territoire étudié et les processus hydrologiques, on parle de modèle global ou de modèle distribué. Le bassin est considéré comme une seule entité qui réagit dans son ensemble. Les caractéristiques physiques et les grandeurs météorologiques sont considérées comme uniformes à l'échelle du bassin versant assimilé à une unité ponctuelle. Il s'agit de valeurs moyennes applicables à tout le bassin versant. Les processus hydrologiques sont simulés pour l'ensemble du bassin versant.

### I.8.2.4 Modèle pluie-débit

L'apparition et l'essor des modèles pluie-débit a commencé dans les années soixante. (Nascimento, 1995). Le souci de la modélisation pluie-débit est de mettre à la disposition des aménageurs ou bien des ingénieurs un outil «simple» permettant l'estimation ou la prévision des débits pour une étude d'aménagement désirée (barrages, lacs, ponts, etc....).
La modélisation pluie-débit a de nombreuses applications (Michel, 1989 ; Refsgaard & Abbott, 1996) parmi lesquelles on peut citer :

- Estimation des débits de rivières pour des sites non jaugés
- Dimensionnement des ouvrages d'art (barrages, ponts, déversoirs de sécurité…)
- Délimitation des zones inondables
- Simulation des débits pour des reconstitutions historiques
- Prévision des crues
- Détection de l'influence des changements d'occupation du sol
- Simulation de l'impact du changement climatique
- Pré détermination des débits de crue ou d'étiage (fréquence et durée)
- Prévision des étiages.

### I.8.3 Exemple de quelques modèles

### I.8.3.1 Hydrotel : Intégration des données de télédétection

Ce modèle a été conçu en collaboration entre l'INRS EAU Canada et Laboratoire d'Hydrologie et Modélisation de Montpellier (Fortin et all, 1995), dans le but de créer un outil capable d'intégrer et de gérer la spatialisation des données et des processus physiques. Il utilise ainsi les données issues de la télédétection et les SIG. Il se décompose en 2 modules : PHYSITEL (pour le traitement du MNT en vue de la détermination des unités hydrologiques du bassin et de son réseau de drainage) et HYDROTEL (pour la simulation hydrologique). Ce dernier module intégré, en plus des résultats de PHYSITEL, le type de sol, sa profondeur racinaire, la pluie (sous forme de pluviographes), l'occupation des sols et les caractéristiques de la végétation (albédo, indice foliaire). Il simule l'ETP, la fonte des neiges, le ruissellement superficiel (par l'onde cinématique), la propagation de la crue dans la rivière avec l'onde cinématique ou l'onde diffusante.

### I.8.3.2  MIKE SHE : la modélisation hydrologique complète

Mike est une famille de logiciels qui traitent d'écoulements dans les rivières, de crues en 1D et 2D, d'hydrologie intégrée (MIKE SHE) et de management hydrologique assisté par un Système d'Information Géographique. MIKE SHE qui est un modèle physique au sens de (Bonell, 1993), comprend plusieurs modules :

- ✤ Evapotranspiration
- ✤ Ecoulement dans la zone non saturée basée sur l'équation de Richards
- ✤ Ecoulement dans la zone saturée
- ✤ Ecoulement superficiel dans les cours d'eau et sur les versants selon l'équation de l'onde diffusante

Ainsi que des modules propres à de applications particulières comme l'irrigation. Les inconvénients majeurs de ce type de logiciels résident dans leur cout, leur non modularité, l'inaccessibilité de leur code source et le manque de détails des équations programmées.

### I.8.3.3  AIGA : la méthode spécifique aux crues éclair

Il s'agit d'une méthode développée conjointement par Météo France et le Cémagref qui a pour vocation la prévision opérationnelle des crues éclair (Gregoris et al. 2001). Les pluies introduites dans le modèle sont d'une part les pluies du radar météorologique (reçues toutes les 15 minutes) et d'autre part une précipitation prévue à une heure. Le modèle hydrologique à l'échelle du bassin versant utilisé est la méthode du SCS (US soil Conservation Service). Il faut fournir à cette méthode deux paramètres ainsi qu'une condition initial d'humidité. Cette dernière est fournie quotidiennement par ISBA. La sortie d'AIGA est une évaluation du risque basé sur la période de retour de l'événement ainsi prévu (2 à 10 ans, 10 à 50 ans, au-delà de 50 ans).

### I.8.3.4  TOPKAPI : les ondes cinématiques opérationnelle

TOPKAPI (Topographic Kinematic Approximation and Integration), Il a été conçu et développé par (Liu & Todini, 2002). Il s'agit d'un modèle hydrologique distribué à base physique. Les équations de l'onde cinématique sont intégrées à différentes échelles pour permettre une résolution de la transformation pluie-débit et de la propagation de la crue dans la rivière rapide. Il prend en compte l'évapotranspiration, la fonte des neiges et les transferts de l'eau dans le sol, en surface et dans les cours d'eau. En particulier, il modélise l'apparition du ruissellement superficiel par saturation des zones contributives. Les paramètres de ce modèle sont invariants par changement d'échelle et se déterminent à partir de différentes données : le MNT, la carte des sols, la carte de la végétation, la carte d'occupation des sols. Il a été utilisé pour l'analyse de crues extrêmes, la détermination des impacts des changements climatiques, l'extension à des bassins non jaugés, le couplage avec des modèles généraux de circulation. Il a été appliqué en Italie de façon opérationnelle (Todini et al. 2003). Il s'agit donc d'un modèle complet, bien documenté, traitant les changements d'échelle. Toutefois, il a été publié trop près de la fin de nos travaux pour pouvoir être utilisé.

### I.8.3.5  TOPMODEL

TOPMODEL (Topography based hydrological Model) est un modèle hydrologique initialement développé par (Beven & Kirkby, 1979), (Beven, 1992) à l'Université de Lancaster. Il s'agit d'un modèle pluie-débit qui suit une approche articulée autour de deux idées centrales :

  ✎ Le ruissellement se produit sur des zones contributives variables.
  ✎ La topographie influence la manière dont se produit le ruissellement

L'originalité de TOPOMODEL réside dans la définition de l'indice topographique. Cet indice est un paramétre dynamique qui traduit la propension qu'a un pixel à se saturer plus ou moins vite. TOPOMODEL modélise le sol à l'échelle de versant de la façon suivante :

---

- La surface du sol donne lieu au ruissellement superficiel (Horton ou Aires contributives saturées)
- La zone racinaire retient l'eau de pluie infiltrée vers la zone saturée selon l'équation de Darcy
- La zone saturée s'écoule vers l'exutoire

## I.8.4  Le calage et la validation de modèle

Le calage d'un modèle consiste à déterminer, sur un échantillon d'événements de référence, un ou plusieurs jeux de paramètres avec lesquels les simulations du modèle approchent au mieux les hydrogrammes de la base de données de référence. La plupart du temps, on utilise une méthode d'optimisation qui détermine un jeu « optimal », au sens où la distance entre les simulations du modèle et les hydrogrammes de référence est minimale. (Madsen, 200) ahlam

## I.8.5  Utilisation de la télédétection et le SIG en hydrologie

La télédétection et les systèmes d'information géographique (SIG) qui lui sont généralement associés, constituent des outils modernes permettant l'étude complexe des phénomènes environnementaux à l'échelle spatiale et temporelle (H. Da et, G. Giacomel, 2002). Ce sont des techniques très efficaces utilisées de plus en plus pour aider à la gestion des différents problèmes liés à l'environnement. Parmi les nombreux domaines d'application de la télédétection, l'hydrologie occupe une place importante.

### I.8.5.1  La télédétection

La télédétection satellitaire haute résolution propose actuellement des images au pas d'espace de 20 m (Spot XS) ou 30 m (Landsat 30 m). Chaque élément de l'image (pixel) est connu par sa radiométrie, respectivement selon 3-7 bandes spectrales. Dans le cas des images prises dans le spectre visible, la détection est limitée aux couches de surface en l'absence de nuages. L'accès aux couches pédologiques ou géologiques ne peut se faire que par corrélation avec des éléments révélateurs, en surface, de la nature du sol ou du sous-sol. A l'échelle des bassins versants, les informations potentiellement utilisables en hydrologie concernent la connaissance spatiale à une date donnée de l'occupation du sol et de la végétation et la connaissance temporelle de leur évolution au travers d'images multi-dates (Engman, Gurney,

1991). Le traitement des images consiste à définir : soit des classes radiométriques homogènes, auxquelles sont rattachées chaque pixel individuellement ; soit des unités cartographiques formées d'agrégats de pixels hétérogènes organisés en ensemble structurés. La définition de ces ensembles structurés est pour l'instant une opération visuelle de photo-interprétation. Cette opération doit révéler des objets thématiques que l'on cherche à mettre en évidence. Le traitement des images est donc a priori spécifique de la thématique étudiée. (Chevallier and Pouyaud, 1996)

### I.8.5.2 SIG et la modélisation hydrologique

Le SIG jouent un rôle prépondérant en tant que support de l'information géographique et sont souvent combinés à des outils de simulation hydrologique. En effet les SIG permettent une bonne description du milieu (caractéristiques physiques et géométriques), mais aussi la délimitation automatique des bassins versants, calcul du coefficient d'imperméabilisation, et la détermination de la fonction de transfert du bassin versant.

### I.8.5.2.1 Relation avec l'espace

En hydrologie, différents facteurs influencent la variabilité spatiale et temporelle des processus. La topographie est essentielle vis-à-vis des écoulements elle conduit à la modification de la répartition spatiale des facteurs. En plus la télédétection offre à une date donnée une vision globale de l'environnement, de sa topographie, de ses objets géographiques ainsi que de son organisation. Enfin Le SIG qui présente un outil essentiel dans la gestion durable de l'eau.

### I.8.5.2.2 Intérêt de la MNT

Un MNT est une représentation numérique du terrain en terme d'altitude, Les MNT constituent une base de données altimétriques à partir de laquelle un grand nombre de produits peuvent être dérivés, notamment la pente, l'exposition, le volume, les cartes d'intervisibilité, les cartes des sous-bassins versants... Ils peuvent être dérivés à partir de plusieurs sources telles que les levés topographiques directs, les photographies aériennes à l'aide des techniques photogrammétries, la numérisation des cartes topographiques et les images satellitaires.

## I.9 Modélisation hydraulique

### I.9.1 Types de Modèles hydrauliques

Les modèles hydrauliques sont divisés en deux types en fonction du régime d'écoulement : modèles en régime permanant dits aussi monodimensionnels ou 1D (sans variation du débit dans le temps ni dans l'espace) et modèles en régime transitoire dites aussi bidimensionnels ou 2D (variations du débit dans le temps et dans l'espace le long du cours d'eau notamment par le remplissage ou la vidange du champ d'inondation). Les premiers sont moins complexes : le calcul est fait uniquement le long de l'axe de l'écoulement et on considère que la cote d'eau calculée est valable pour l'ensemble du profil en travers. Ce type de modèle est donc bien adapté à l'écoulement en lit mineur, éventuellement aux lits moyen ou majeur dans le cas où la topographie est très homogène. Tandis que les secondes sont plus complexes, ils s'appuient sur des équations particulières, dites de Barré de Saint -venant, qui tiennent compte non seulement du débit de pointe mais aussi du volume écoulé par la crue. Ils sont capables de calculer tous les échanges entre le lit mineur et le lit majeur et à l'intérieur. Ils font appel à une discrétisation bidimensionnelle des équations complètes de l'écoulement. Leur mise en œuvre est plus coûteuse que dans le cas d'autres modèles, mais la performance surtout en milieu urbain est en pleine évolution. (Ledoux, 2006).

Les modèles les plus utilisés actuellement, proposent une complexité intermédiaire entre les modèles 1D et 2D. Au lieu de calculer les échanges entre tous les points des lits mineur ou majeur, on découpe le lit majeur en casiers où le niveau de l'eau est supposé horizontal et chaque casier correspond à un seul point de calcul, souvent placé au centre du casier. C'est en ce point que sont calculées les grandeurs hydrauliques, qui sont des moyennes sur la surface du casier. (Ledoux, 2006).

Cependant, il faut signaler que les écoulements forcément chargés en transport solide n'obéissent pas aux lois classiques de l'hydraulique fluviale et que leur modélisation est beaucoup plus complexe. Des recherches sont encore à développe r, sur le thème des écoulements à forte charge solide, jusqu'aux écoulements de laves torrentielles. (Ledoux, 2006).

### I.9.2 Problématique et choix de modèle

Déterminer les zones inondables par l'approche de la modélisation hydraulique veut dire qu'on convoque deux études : hydrologique et hydraulique. La première permet d'obtenir les débits et leurs périodes moyennes de retour et la deuxième permet d'avoir les hauteurs et les vitesses correspondantes à ces débits. La modélisation hydraulique permet d'obtenir par le calcul les caractéristiques hydrauliques des écoulements (hauteur d'eau, vitesses du courant) atteintes pour les gammes de débit simulées. Elle permet ensuite de dresser une cartographie des zones inondables à partir du report en plan des résultats hydrauliques. De ce fait, pour déterminer la répartition de la hauteur d'eau (H) et la vitesse moyenne de l'écoulement (U), on va utiliser un modèle 1D de résolution des équations unidimensionnelles de Saint venant. Dans cette étude on va utiliser le modèle HECRAS décrit dans ce qui suit.

### I.9.2.1  Modèle HEC-RAS 4.0

HEC-RAS est un logiciel intégré pour l'analyse hydraulique qui permet de simuler les écoulements à surface libre. Il a été conçu par le *hydrologic Engineering Center* du *U.S Army Corps of Engineers*. Le HEC-RAS comporte une interface graphique permettant d'édifier, modifier et visualiser les données d'entrée, de même qu'observer les résultats obtenus. Il est présentement utilisé dans plusieurs firmes d'ingénierie et organismes gouvernementaux. Il permet de simuler les écoulements permanents et non permanents, le transport de sédiments et certaines fonctions facilitants la conception d'ouvrages hydrauliques. Il permet aussi de prendre en compte les effets d'ouvrages variés tels que les ponts, les dalots, les déversoirs, les barrages…Ces effets comprennent notamment la contraction et l'expansion ainsi que le caractère brusquement varié éventuellement induit à l'écoulement.

### I.9.2.2  Principales bases théoriques de logiciel

### I.9.2.2.1  Equations résolues

Le logiciel HEC-RAS simule les fonctionnements unidimensionnels en utilisant les équations simplifiées de Barré de Saint Venant. Les équations sont résolues en régime permanent ou transitoire fluvial, torrentiel ou mixte.

Les équations classiques de l'écoulement unidimensionnel à surface libre formulées par Barré de Saint Venant et la perte de charge totale ($J_{12}$) entre les deux sections transversales comprend des pertes par frottement au fond et aux berges du canal et des pertes par contraction ou expansion de l'écoulement. L'équation utilisée par le logiciel HEC-RAS pour l'évaluation de la perte de charge totale est citée dans le tableau ci-dessous.

**Equations et paramètres**

| Nom | Equation | Paramètre et signification |
|---|---|---|
| Equation de Continuité | $$\frac{1}{B}\frac{\partial Q}{\partial x} + \frac{dy}{dt} = 0$$ | $Q$ : débit<br>$B$ : Section mullée |
| Energie unidimensionnel (Bernoulli) | $$Y_2 + Z_2 + \frac{\sigma_2 V_2^2}{2g} = Y_1 + Z_1 + \frac{\sigma_1 V_1^2}{2g} + H_e$$ | $Y_2, Y_1$ : hauteur d'eau à la section<br>$Z_2, Z_1$ : cote de fond<br>$V_1, V_2$ : vitesse moyenne<br>$\sigma_2, \sigma_1$ : coefficient de pondération de vitesse<br>$g$ : accélération terrestre<br>$H_e$ : perte de charge |
| La quantité de mouvement | $$\frac{Q_2\beta_2}{gA_2} + A_2\bar{Y}_2 + \left(\frac{A_1 + A_2}{2}\right)LS_0 - \left(\frac{A_1 + A_2}{2}\right)L\bar{S}_f = \frac{Q_1\beta_1}{gA_1} + A_1\bar{Y}_1$$ | $Q_2, Q_1$ : débit dans les profils 1 et 2<br>$\beta_2, \beta_1$ : coefficient tenant compte d'une distribution de vitesse non, uniforme dans les sections de travers<br>$A_2, A_1$ : surface mouillé dans les profils 1 et 2<br>$\bar{Y}_2, \bar{Y}_1$ : hauteur d'eau mesurée entre la surface libre et le centre de gravité du profil en travers<br>$L$ : distance entre les profils 1 et 2 mesurée le long de l'axe de l'écoulement<br>$S_0 : \sin\theta$ , $\theta$ étant l'inclinaison du cours d'eau par rapport au plan horizontal<br>$S_f$ : pente de frottement |
| La perte de charge totale | $$J_{12} = LS_f + C\left\|\alpha_2\frac{V_2^2}{2g} - \alpha_1\frac{V_1^2}{2g}\right\|$$ | $L$ : longueur pondérée de l'écoulement entre deux sections.<br>$S_f$ : perte de charge linéaire moyenne entre les deux sections.<br>$C$ : coefficient de perte de charge par expansion ou contraction. |

### I.9.2.2.2 Données nécessaire à la mise en œuvre du logiciel

Les réseaux de cours d'eau sont organisés en biefs séparés par des connections où s'opèrent les additions et séparations de débits. Les données relatives à chaque section sont : les profils en travers, les coefficients de rugosité, pertes de charge, la distance à la section suivante et des données relatives aux ouvrages d'art (pont, dalots, déversoirs…).

### I.9.2.2.2.1 Données hydrauliques

Les données hydrauliques nécessaires pour le calcul d'un profil de surface d'eau sont :

- ✎ Le régime d'écoulement
- ✎ Les conditions aux limites
- ✎ Les débits d'entrée aux modèles

### I.9.2.2.2.2 Cartographie des zones inondables

La modélisation hydraulique permet d'obtenir par le calcul, dans tous les secteurs exposés, les caractéristiques hydrauliques des écoulements (hauteur d'eau, vitesses du courant) atteintes pour les gammes de débit simulées. Elle permet ensuite de dresser une cartographie des zones inondables à partir du report en plan des résultats hydrauliques.

# Chapitre II : Présentation de la zone d'étude

## II.1 Situation géographique et administratif

### II.1.1 Situation géographique

La zone d'étude est située au nord-ouest de la Tunisie, elle couvre une superficie de 3867 km², elle est délimitée au nord-ouest par barrage Sidi Salem, au nord-est par barrage Laaroussia, au sud-est par le gouvernorat Kef et au sud-est par le gouvernorat de Kairouan.

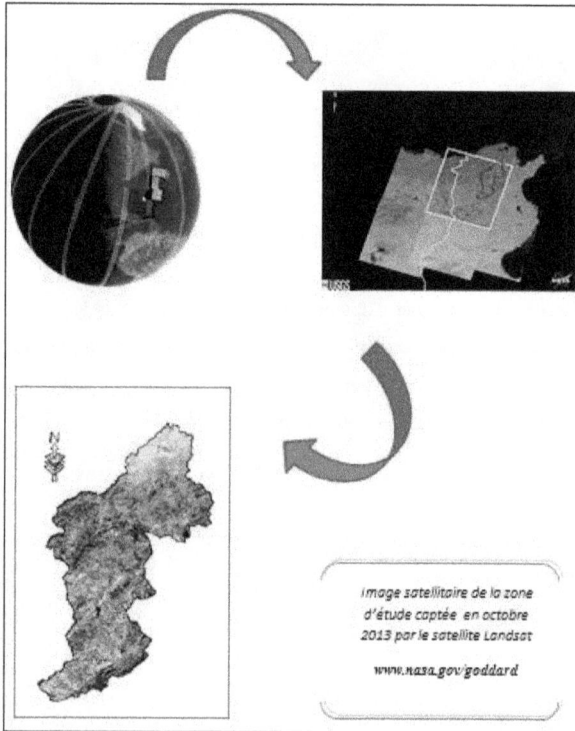

image satellitaire de la zone
d'étude captée en octobre
2013 par le satellite Landsat

www.nasa.gov/goddard

**Figure 1: Localisation de la zone d'étude**

## II.1.2 Attachement administratif

La zone d'étude présente une situation administrative très complexe ; elle appartient à quatre gouvernorats de Béja, Siliana, Zaghoun et Manouba. Elle correspond à 49 bassins versants dont 17 situés dans le gouvernorat de Béja, 24 bassins versants dans le gouvernorat de Siliana, 3 bassins situés entre les gouvernorats de Béja et Manouba, 2 bassins versants localisés entre les gouvernorats Béja et Zaghoun et 3 bassins versants situés entre les gouvernorats Béja et Siliana.

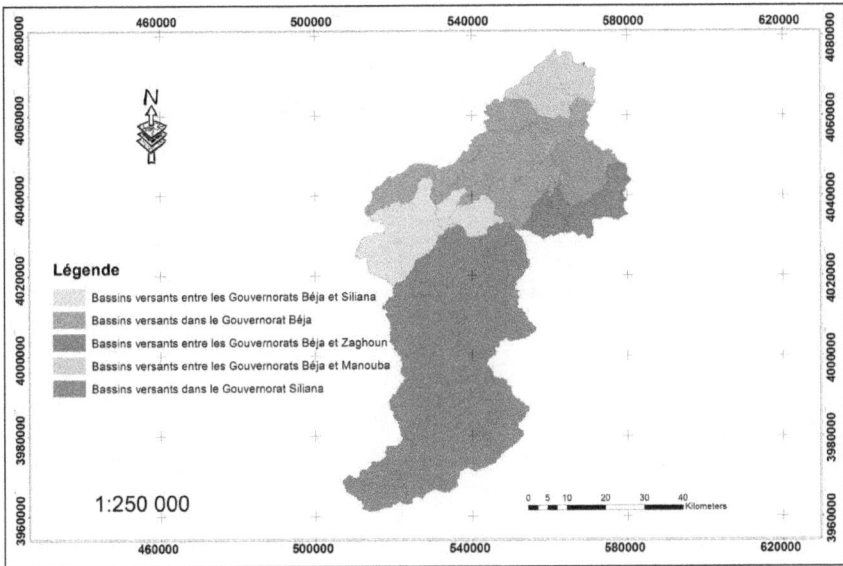

**Figure 2: Carte de la situation administrative de la zone d'étude**

## II.2 Données climatiques

Les données climatiques relatives à la zone d'étude ont été déterminées à travers les enregistrements disponibles au niveau des stations climatologiques qui disposant de longues périodes d'observations. Il s'agit de celles de Slouguia, Makther, Siliana, Guballat et Laaroussia. Par ailleurs le plus proche de la zone d'étude telle que la station de Béja.

## II.2.1 Température

Les températures maximales sont enregistrées durant le mois d'Aout alors que les températures minimales sont enregistrées durant le mois de janvier (tableau ), la température moyenne est respectivement 19.21 °C, 19.22 °C, 19.40 °C à Siliana, Makther et Sloughia. La moyenne des températures minimales du mois le plus froid est de 10.40 °C, celle de mois de janvier, à Siliana,, de 10.56 °C à Makthar et de 10.46 °C à Slouguia. La température moyenne maximale du mois le plus chaud est de 33.45 °C à Siliana, de 33.49 °C à Makthar et de 33.27 °C à Slouguia. La moyenne des maxima des trois stations est 33.39 °C et celle des minima est 6.28 °C.

**Tableau 1:Température enregistrées à Makthar, Siliana et Slouguia (°C)**

| Station | Siliana | | | Makthar | | | Slouguia | | |
|---|---|---|---|---|---|---|---|---|---|
| | $T_{moymax}$ | $T_{moy}$ | $T_{moymin}$ | $T_{moymax}$ | $T_{moy}$ | $T_{moymin}$ | $T_{moymax}$ | $T_{moy}$ | $T_{moymin}$ |
| Septembre | 30.77 | 26.15 | 21.53 | 29.77 | 25.31 | 20.86 | 29.77 | 25.32 | 20.87 |
| Octobre | 29.09 | 24.48 | 19.87 | 29.09 | 24.48 | 19.87 | 30.06 | 25.30 | 20.53 |
| Novembre | 20.63 | 16.58 | 12.53 | 21.63 | 18.51 | 15.40 | 20.64 | 16.59 | 12.54 |
| Décembre | 17.09 | 13.20 | 9.32 | 17.09 | 13.20 | 9.32 | 17.68 | 13.5 | 9.32 |
| Janvier | 15.79 | 11.81 | 7.83 | 15.08 | 11.45 | 7.83 | 15.82 | 11.83 | 7.84 |
| Février | 14.67 | 10.40 | 6.14 | 14.67 | 10.56 | 6.46 | 14.68 | 10.46 | 6.25 |
| Mars | 19.12 | 15.06 | 11.00 | 19.13 | 13.93 | 8.74 | 19.13 | 13.91 | 8.70 |
| April | 21.70 | 16.2 | 10.70 | 21.16 | 15.93 | 10.70 | 21.75 | 19.32 | 10.89 |
| Mai | 23.70 | 18.45 | 13.19 | 23.70 | 18.47 | 13.25 | 23.08 | 18.33 | 13.58 |
| Juin | 28.54 | 23.00 | 17.47 | 27.6 | 22.7 | 17.8 | 28.50 | 22.95 | 17.40 |
| Juillet | 33.41 | 27.68 | 21.96 | 33.42 | 27.72 | 22.03 | 33.15 | 27.34 | 21.54 |
| Aout | 33.45 | 27.51 | 21.58 | 33.45 | 28.37 | 23.29 | 33.27 | 27.91 | 22.56 |
| Moyenne | 24.00 | 19.21 | 14.43 | 23.82 | 19.22 | 14.63 | 23.96 | 19.40 | 14.34 |

## II.2.2 Vent

La vitesse maximale instantanée varie 9 m/s et 11 m/s indiquant la violence instantanée des vents dans la zone d'étude (Tableau). Le vent dominant est de nord-ouest. Les forts sont assez fréquents au temps calme. Un vent particulier, le Sirocco, dont les effets desséchants sont considérables souffle du sud-ouest. Ce vent souffle plus de vingt jours par an dans le bassin de la Medjerda.

**Tableau 2:Variation mensuelle de la vitesse maximale du vent à la station de Beja (2009-2012)**

| Mois | Sept. | Oct. | Nov. | Dec. | Janv. | Fev. | Mars. | Avr. | Mai. | Juin. | Juill. | Aout. |
|------|-------|------|------|------|-------|------|-------|------|------|-------|--------|-------|
| Vitesse (m/s) | 10 | 9 | 9 | 10 | 9 | 11 | 9 | 9 | 10 | 10 | 11 | 10 |

*Source : INM, 2012*

## II.2.3 Evaporation

Dans la zone d'étude, l'évaporation est estimée à partir de mesures relevées de la station de Béja sur une durée de 4 ans de 2009 à 2012. L'évaporation maximale est considérée au mois de juillet avec 210,7 mm alors que l'évaporation minimale est enregistrée au mois de février avec 38,6 mm.

**Tableau 3:Variation mensuelle de l'évaporation à la station de Béja de 2009 à 2012**

| Mois | Sept. | Oct. | Nov. | Dec. | Janv. | Fev. | Mars. | Avr. | Mai. | Juin. | Juill. | Aout. | Total |
|------|-------|------|------|------|-------|------|-------|------|------|-------|--------|-------|-------|
| Evap (mm) | 92,9 | 78,1 | 57,9 | 52,7 | 42,1 | 38,6 | 50 | 63,5 | 113,9 | 165,1 | 210,7 | 199,2 | 1164,7 |

*Source : INM, 2012*

## II.2.4 Humidité relatif

L'humidité relative, dans la zone d'étude, est estimée sur une durée de 3 ans de 2009 à 2012. L'humidité relative moyenne est forte variable. Elle oscille entre 80.5 % pendant le mois de février et 52,6 % pendant le mois d'aout.

**Tableau 4: Humidité relative moyenne mensuelle (2009-2012)**

| Mois | Sept. | Oct. | Nov. | Dec. | Janv. | Fev. | Mars. | Avr. | Mai. | Juin. | Juill. | Aout. |
|------|-------|------|------|------|-------|------|-------|------|------|-------|--------|-------|
| Hr (%) | 61,7 | 78 | 79 | 68,2 | 79,7 | 80,5 | 78 | 77,2 | 68,2 | 58 | 53,7 | 52,6 |

*Source : INM, 2012*

## II.3 Etude de la pluviométrie

### II.3.1 Introduction

Pour cette étude, on a pris en considération les valeurs annuelles des précipitations des trois stations, la station de Makthar située en amont de bassin versant, les stations de Slouguia et Sliana Laouej situés en milieu du bassin versant, la station El Herri située en aval du bassin versant.

**Tableau 5: Présentation des stations pluviométriques**

| Stations | Code | Longitude (Gr) | Latitude (Gr) | Période d'observation |
|----------|------|----------------|---------------|------------------------|
| Slouguia | 1485683221 | 9.649722 | 36.58944 | 1976/2013 |
| Siliana Laouej | 1485676521 | 9.464723 | 36.47583 | 1976/2013 |
| El Herri | 1485309621 | 9.649722 | 36.73111 | 1970/2003 |
| Makthar | 1485410224 | 9.204166 | 35.85305 | 1976/2013 |

### II.3.2 Variation des précipitations annuelles des stations pluviométriques

#### II.3.2.1 Précipitations annuelles de la Station de Slouguia

La variation des précipitations annuelles pour la période de 1976/ 2013, au niveau de la station Slouguia, est présentée dans la figure ci-dessous.

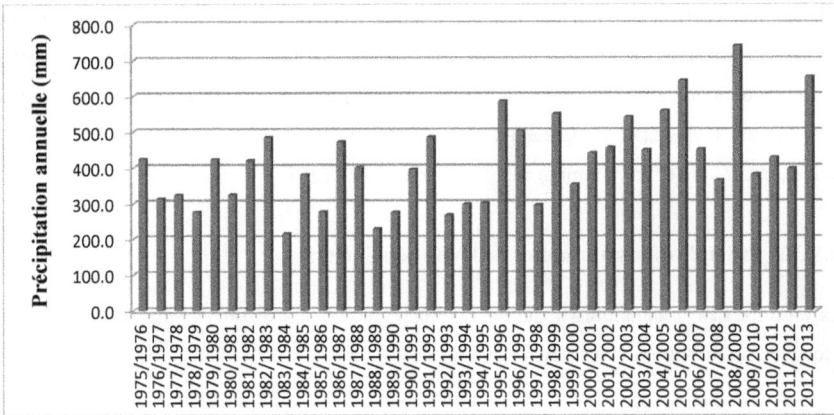

**Figure 3:Variation de la précipitation annuelle de la station Slouguia**

La moyenne des précipitations annuelles au niveau de la station de Slouguia est de 415.1 mm. Cependant, la variation temporelle des précipitations annuelles de la station Slouguia, montre que le régime annuel est très irrégulier d'une année à une autre. De plus on a constaté que 17 années sur 38 dépassent la moyenne avec un maximum 740.9 mm en 2008/2009 et un minimum de 214.6 mm en 1983/1984.

### II.3.2.2 Précipitations annuelles de la Station de Siliana Laouej

Pour la période de 1976/2013 la variation des précipitations annuelles de la station de Siliana Laouej est donnée dans la figure ci-dessous :

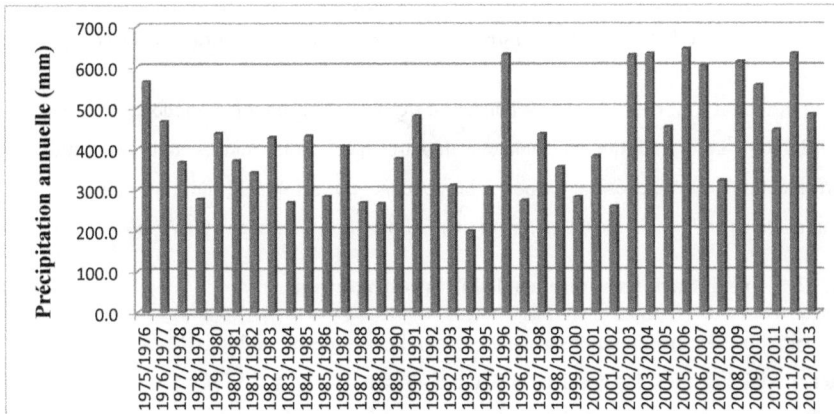

**Figure 4: Variation de la précipitation annuelle de la station Siliana Laouj**

La moyenne interannuelle des précipitations à la station de Siliana Laouej relative à la période de 1976/2013 est de 418.4 mm. La figure (n) montre aussi que le régime annuel est très varié d'une année à une autre. La station de Siliana Laouej, a enregistré 17 années sur 38, ou les hauteurs des pluies étaient supérieures par rapport à la moyenne avec un maximum de 645 mm en 2005/2006 et un minimum de 198.5 mm en 1993/1994.

### II.3.2.3 Précipitations annuelles de la Station El Herri

La variation des précipitations annuelles pour la période de 1970/2003, au niveau de la station Slouguia, est présentée dans la figure ci-dessous :

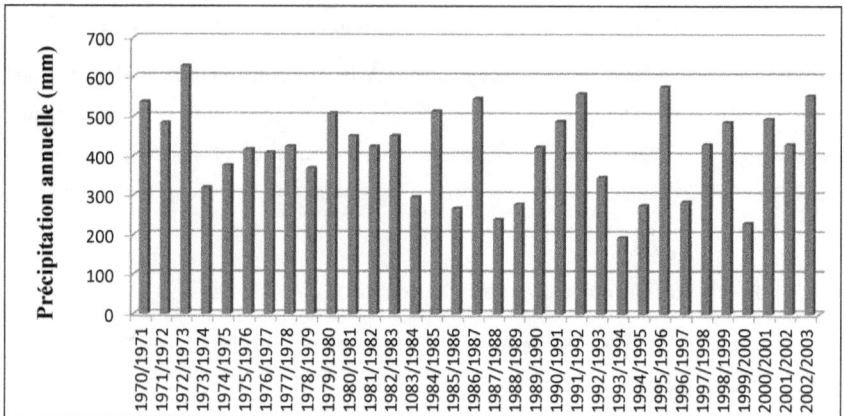

**Figure 5: Variation de la précipitation annuelle de la station El Herri**

Pour la station d'El Herri, le régime annuel est très irrégulier pour la période de 1970/1971 et 2002/2003. La variabilité interannuelle montre que 20/33 années ont enregistré des précipitations plus élevés par rapport à la moyenne, qui est 415,37 mm, avec un maximum enregistré en 1972/1973, de 627,5 mm et un minimum de 194 mm en 1993/1994.

### II.3.2.4 Précipitations annuelles de la Station Makthar

La variation des précipitations annuelles pour la période de 1976/ 2013, au niveau de la station Makthar, est présentée dans la figure ci-dessous.

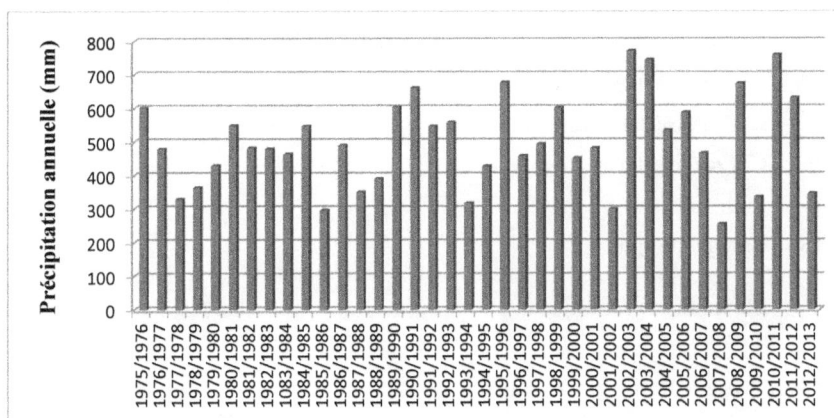

**Figure 6: Variation de la précipitation annuelle de la station Makthar**

La moyenne des précipitations annuelles au niveau de la station de Makthar est de 498.4 mm. Cependant, la variation temporelle des précipitations annuelles de la station Makthar montre que le régime annuel est très irrégulier d'une année à une autre. De plus on a constaté que 16 années sur 38 dépassent la moyenne avec un maximum 771 mm en 2002/2003 et un minimum de 254.5 mm en 2007/2008.

## II.3.3 Ajustement des précipitations annuelles

Pour mieux cerner cette irrégularité inter annuelle des précipitations qui a un rôle essentiel et décisif sur l'écoulement fluvial et afin de caractériser le régime des précipitations annuelles, on va essayer de trouver une loi d'ajustement de la distribution des pluies annuelles dans le but d'aboutir à une estimation des paramètres d'ajustement.

**Tableau 6: Calcul statistique des quatre stations**

|  | Moyenne (mm) | Maximum (mm) | Minimum (mm) | Ecart type | Médiane | $C_v$ | $C_s$ | $C_k$ |
|---|---|---|---|---|---|---|---|---|
| Slouguia | 415.1 | 740.9 | 214.6 | 123 | 410 | 0.296 | 0.616 | 2.83 |
| Siliana.L | 418.1 | 645 | 198.5 | 126 | 407 | 0.302 | 0.483 | 2.37 |
| El Herri | 415.4 | 627,5 | 194 | 113 | 425 | 0.272 | -0.233 | 1.98 |
| Makthar | 498.4 | 771 | 254.5 | 136 | 482 | 0.272 | 0.213 | 2.18 |

Avec :

↳ $Cv$ : Coefficient de variation

↳ $Cs$ : Coefficient de d'asymétrie

↳ $Ck$ : Coefficient d'aplatissement

II.3.3.1 **Test graphique**

II.3.3.2 **Ajustement graphique des séries pluviométriques des Stations de la zone d'étude**

II.3.3.2.1 **Test de Kolmogorov-Smirnov (K-S)**

Le test de Kolmogorov-Smirnov est un test dit d'ajustement, car il permet de d'établir si une population donnée suit une distribution particulière (normale, uniforme ou poison par exemple), condition exigée par de nombreux tests. Le K-S est calculé à partir de la plus grande différence (en valeur absolue) entre les fonctions de distribution théorique et observée cumulée.

### Hypothesis Test Summary

| | Null Hypothesis | Test | Sig. | Decision |
|---|---|---|---|---|
| 1 | The distribution of Annual Precipitation Slouguia Station is normal with mean 415,13 and standard deviation 122,78. | One-Sample Kolmogorov-Smirnov Test | ,945 | Retain the null hypothesis. |
| 2 | The distribution of Annual Precipitation Siliana Laouej Station is normal with mean 418,36 and standard deviation 130,49. | One-Sample Kolmogorov-Smirnov Test | ,787 | Retain the null hypothesis. |
| 3 | The distribution of Annual Precipitation El Herri Station is normal with mean 415,38 and standard deviation 112,95. | One-Sample Kolmogorov-Smirnov Test | ,801 | Retain the null hypothesis. |
| 4 | The distribution of Annual Precipitation Makthar Station is normal with mean 498,40 and standard deviation 135,68. | One-Sample Kolmogorov-Smirnov Test | ,909 | Retain the null hypothesis. |

Asymptotic significances are displayed. The significance level is ,05.

**Figure 7: Résumé de test d'hypothèses**

Le test de Kolmogorov-Smirnov montre que p-values sont tous supérieur à 0,05, le niveau de signification, donc on a plus de 5 % de chance de se tromper en rejetant l'hypothèse selon laquelle la distribution des séries pluviométriques des stations Slouguia, Siliana Laouej, El Herri et Makthar suit la loi normale de Gauss. Et par conséquence, on conclut que la distribution des séries pluviométriques des stations de la zone d'étude s'ajuste suivant la loi normale de Gauss.

### II.3.3.2.2 Ajustement à la loi normale de la station Slouguia

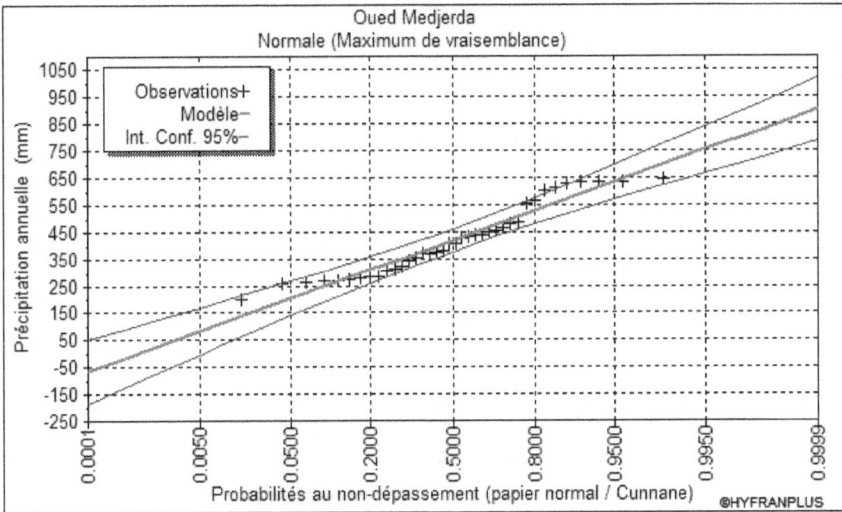

Figure 8: Ajustement de la série pluviométrique de la station Slouguia

Tableau 7: Résultats de l'ajustement de la loi normale (Station Slouguia)

| T (ans) | Q | P (mm) | Ecart type | Intervalle de Confiance |
|---------|--------|--------|------------|-------------------------|
| 2000.0 | 0.9995 | 848 | 54.2 | 741 - 954 |
| 1000.0 | 0.9990 | 822 | 51.4 | 721 - 922 |
| 200.0 | 0.9950 | 755 | 44.4 | 667 - 842 |
| 100.0 | 0.9900 | 722 | 41.2 | 641 - 803 |
| 50.0 | 0.9800 | 686 | 37.7 | 613 - 760 |
| 20.0 | 0.9500 | 633 | 32.7 | 569 - 697 |
| 10.0 | 0.9000 | 586 | 28.7 | 529 - 642 |

Q = Probabilité au non-dépassement

## II.3.3.2.3 Ajustement à la loi normale de la station Siliana Laouej

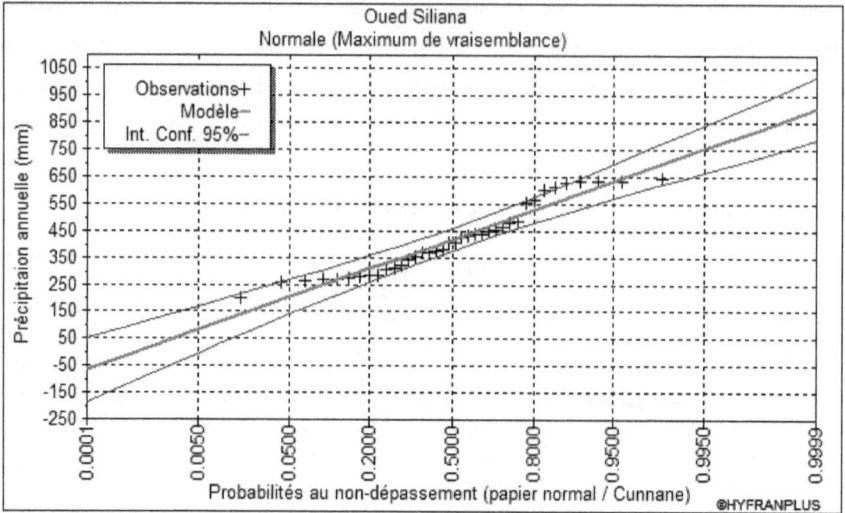

**Figure 9: Ajustement de la série pluviométrique de la station Siliana Laouej**

**Tableau 8: Résultats de l'ajustement de la loi normale (Station Siliana Laouej)**

| T (ans) | Q | P (mm) | Ecart type | Intervalle de Confiance |
|---------|--------|--------|------------|-------------------------|
| 2000.0 | 0.9995 | 848 | 54.2 | 741 - 954 |
| 1000.0 | 0.9990 | 822 | 51.4 | 721 - 922 |
| 200.0 | 0.9950 | 755 | 44.4 | 667 - 842 |
| 100.0 | 0.9900 | 722 | 41.2 | 641 - 803 |
| 50.0 | 0.9800 | 686 | 37.7 | 613 - 760 |
| 20.0 | 0.9500 | 633 | 32.7 | 569 - 697 |
| 10.0 | 0.9000 | 586 | 28.7 | 529 - 642 |

## II.3.3.2.4 Ajustement à la loi normale de la station El Herri

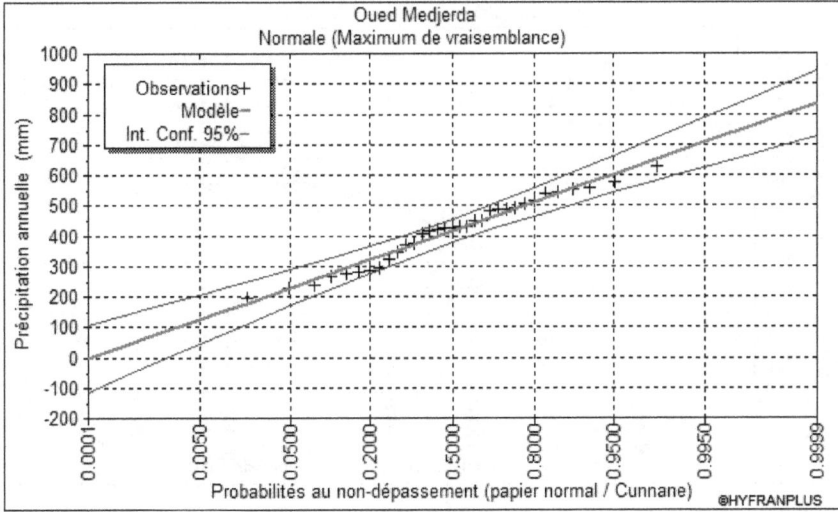

**Figure 10:Ajustement de la série pluviométrique de la station El Herri**

**Tableau 9: Résultats de l'ajustement de la loi normale (Station El Herri)**

| T (ans) | Q | P (mm) | Ecart type | Intervalle de Confiance |
|---------|--------|--------|------------|-------------------------|
| 2000.0 | 0.9995 | 787 | 50.4 | 688 - 886 |
| 1000.0 | 0.9990 | 764 | 47.9 | 671 - 858 |
| 200.0 | 0.9950 | 706 | 41.3 | 625 - 787 |
| 100.0 | 0.9900 | 678 | 38.3 | 603 - 753 |
| 50.0 | 0.9800 | 647 | 35.0 | 579 - 716 |
| 20.0 | 0.9500 | 601 | 30.4 | 542 - 661 |
| 10.0 | 0.9000 | 560 | 26.7 | 508 - 613 |

### II.3.3.2.5 Ajustement à la loi normale de la station Makthar

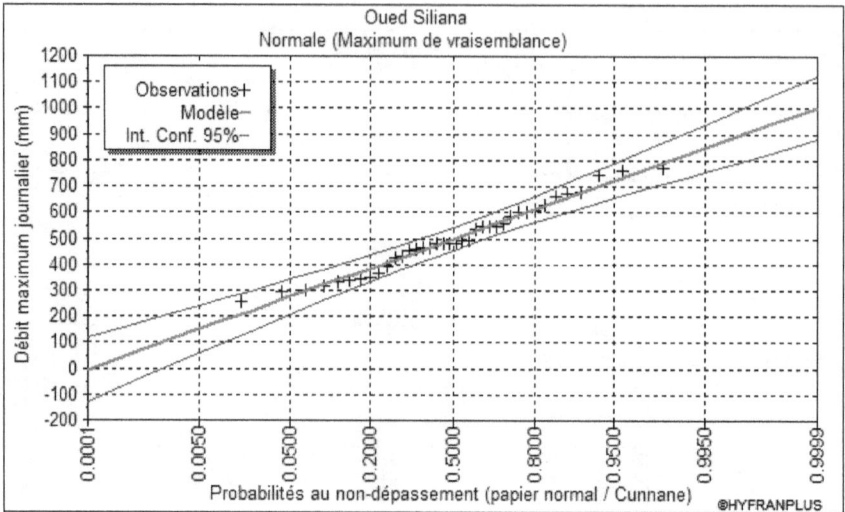

**Figure 11: Ajustement de la série pluviométrique de la station Makthar**

**Tableau 10: Résultats de l'ajustement de la loi normale (Station El Herri)**

| T (ans) | Q | P (mm) | Ecart type | Intervalle de Confiance |
|---------|--------|--------|------------|-------------------------|
| 2000.0 | 0.9995 | 945 | 56.4 | 834 - 1060 |
| 1000.0 | 0.9990 | 918 | 53.5 | 813 - 1020 |
| 200.0 | 0.9950 | 848 | 46.2 | 757 - 939 |
| 100.0 | 0.9900 | 814 | 42.8 | 730 - 898 |
| 50.0 | 0.9800 | 777 | 39.2 | 700 - 854 |
| 20.0 | 0.9500 | 722 | 34.0 | 655 - 788 |
| 10.0 | 0.9000 | 672 | 29.9 | 614 - 731 |

### II.3.3.3 Conclusion

Les précipitations annuelles varient de l'amont vers l'aval ; en effet plus on se dirige vers l'aval du bassin ; les précipitations annuelles diminuent. D'autre part, on remarque que les moyennes des précipitations des stations Slouguia et Siliana Laouej sont égales de plus les précipitations des différentes périodes de retour pour ces deux stations sont similaires alors on va utiliser pour la modélisation hydrologique de la zone d'étude la courbe IDF de la station Slouguia en milieu de bassin versant.

## II.4  Etage bioclimatique

Pour la détermination de l'étage bioclimatique de la zone d'étude on va se baser sur la formule d'Emberger traduit par :

$$Q = \frac{2000. P}{M^2 - m^2}$$

Avec :

- ✤ Q : Un coefficient qui permet de classer la région suivant le bioclimat
- ✤ P : La pluviométrie (mm)
- ✤ M : Moyenne de maxima du moi le plus chaud (°K)
- ✤ m : Moyenne de minima du moi le plus froid (°K)

La moyenne des maxima du mois le plus chaud est 33.39 °C, soit 306,4°K, et la moyenne des minima du mois le plus froid est de 6.28°C, soit 279,3°K. La pluviométrie moyenne annuelle des stations de la zone d'étude varie entre 498.4 mm à la station Makthar et 415.1 mm à la station Slouguia sur une durée de 38 ans. Le quotient pluvio-thermique d'Emberger varie entre 62.8 et 52.3.

**Tableau 11:Classification des étages bioclimatiques**

| Etages bioclimatiques | Q | P (mm) |
|---|---|---|
| Hyper-humide | Q > 170 | P > 1200 |
| Humide | 110 < Q < 170 | 800 < P < 1200 |
| Subhumide | 70 < Q < 110 | 600 < P < 800 |
| **Semi-aride** | **33 < Q < 70** | **300 < P < 600** |
| Aride | 10 < Q < 30 | 100 < P < 300 |
| Saharien | Q < 10 | P < 100 |

D'après le tableau de classification des étages bioclimatiques on constate que le climat de la zone d'étude est *le semi-aride*.

## Chapitre III : Etude Morphologique

### III.1 Délimitation des bassins versants

La délimitation des bassins versants de la zone d'étude a été faite par le SIG en utilisant des cartes satellitaires SRTM, la création et la combinaison de plusieurs cartes ,(direction des écoulements, accumulation des eaux, direction des eaux de drainage…), issues des cartes SRTM nous donne une délimitation précise de la zone d'étude.

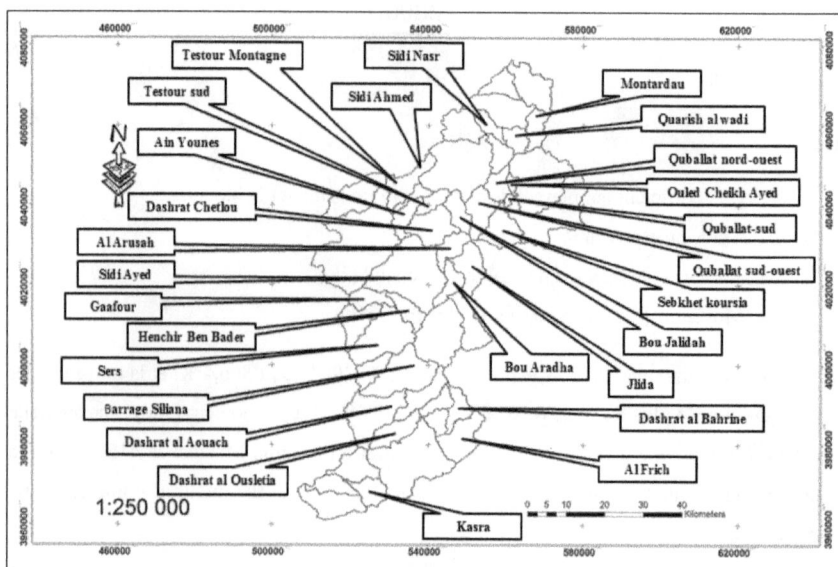

**Figure 12:Carte des sous bassins versants (1)**

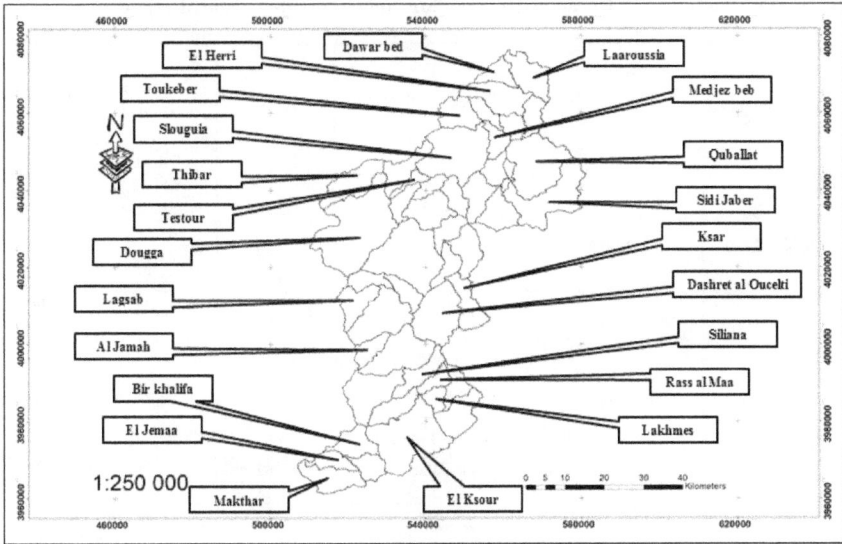

**Figure 13:Carte des sous bassins versants (2)**

## III.2 Caractéristiques des sous bassins versants

Le bassin de Medjerda est subdivisé en 8 sous-bassins versants. Celui de Khalled est découpé en 3 sous- bassins versants, ainsi le bassin de Siliana est subdivisé en 29 sous-bassins versants et le bassin de Lahmar est composé de 9 sous-bassins versant.

Le sous bassin versant Dougga de bassin khalled présente la superficie la plus long 314.10 km² avec une longueur de talweg de 29.95 km alors que la superficie la plus petit est celui de sous bassin Quballat, 5.53 km² et par conséquent il comprend un talweg de longueur 3.17 km².

## Tableau 12: Caractéristiques Morphologiques de la zone d'étude

| Unité hydrologique | Bassin versant | Sous bassin versant | Surface (km²) | Périmètre (km) | L (km) |
|---|---|---|---|---|---|
| Oued Medjerda | Medjerda | Testour | 33.61 | 38.19 | 12.57 |
| | | Slouguia | 199.84 | 108.32 | 30.83 |
| | | Toukeber | 68.36 | 58.08 | 2.14 |
| | | Medjez Beb | 38.96 | 47.56 | 0.94 |
| | | Sidi Nasr | 31.66 | 44.42 | 8.03 |
| | | El Herri | 99.54 | 74.53 | 12.81 |
| | | Dawar Bed | 43.45 | 52.03 | 3.44 |
| | | Laaroussia | 87.14 | 76.60 | 9.60 |
| Oued Khalled | Khalled | Dougga | 314.10 | 137.86 | 29.95 |
| | | Thibar | 96.49 | 73.24 | 12.01 |
| | | Testour Montagne | 33.81 | 38.47 | 8.38 |
| Oued Siliana | Siliana | Makthar | 83.01 | 71.78 | 8.37 |
| | | El Jemaa | 41.18 | 53.54 | 2.36 |
| | | Kasra | 45.74 | 53.49 | 8.29 |
| | | Bir Khalifa | 64.04 | 63.06 | 6.95 |
| | | Al Frish | 85.03 | 64.45 | 4.09 |
| | | Dashrat al Bahrine | 43.99 | 60.71 | 4.92 |
| | | Lakhmes | 28.75 | 35.58 | 8.55 |
| | | El Ksour | 230.52 | 117.61 | 26.63 |
| | | Ras al Maa | 31.50 | 44.54 | 2.82 |
| | | Dashret al Oueslatia | 59.91 | 64.51 | 2.73 |
| | | Siliana | 62.03 | 74.81 | 7.24 |
| | | Dashret al Aouach | 128.76 | 86.67 | 16.26 |
| | | Barrage Siliana | 136.46 | 85.72 | 13.54 |
| | | Al Jamah | 42.43 | 47.84 | 2.02 |
| | | Sers | 141.43 | 86.22 | 23.28 |
| | | Lagsab | 65.67 | 64.96 | 6.47 |
| | | Dashret al Oucelti | 149.75 | 80.51 | 14.20 |
| | | Ksar | 72.24 | 71.90 | 12.75 |
| | | Henchir Ben Bedir | 41.89 | 51.64 | 1.26 |
| | | Gaafour | 39.78 | 49.24 | 4.66 |
| | | Jlidah | 70.11 | 61.94 | 5.87 |
| | | Bou Aradha | 40.99 | 54.38 | 16.25 |
| | | Al Arusah | 45.45 | 53.43 | 5.88 |
| | | Sidi Ayed | 230.36 | 105.58 | 29.56 |
| | | Dashret Chetlou | 84.58 | 62.78 | 14.31 |
| | | Bou Jalidah | 43.86 | 45.94 | 1.04 |
| | | Testour sud | 29.51 | 39.50 | 7.64 |
| | | Testour | 20.09 | 43.42 | 4.96 |
| | | Ain Younes | 38.71 | 50.97 | 0.14 |
| Oued Lahmar | Lahmar | Sidi Jaber | 166.83 | 131.04 | 25.61 |
| | | Sebkhet Koursia | 71.18 | 62.55 | 8.70 |
| | | Quballat Sud-Ouest | 66.80 | 60.65 | 3.87 |
| | | Quballat Sud | 5.53 | 17.51 | 3.17 |
| | | Ouled Cheikh Ayed | 10.56 | 25.35 | 1.67 |
| | | Quballat Nord-Ouest | 38.81 | 43.59 | 0.68 |
| | | Quballat | 184.59 | 96.46 | 15.64 |
| | | Montardau | 43.49 | 51.81 | 3.64 |
| | | Quarish al Wadi | 34.43 | 40.28 | 10.53 |

### III.3 Courbes hypsométriques

Le relief d'un bassin versant est souvent caractérisé par la courbe de sa répartition hypsométrique qui donne une vue synthétique de sa pente globale. On a tracé ces courbes pour tous les sous bassins versants en reportant en abscisse l'altitude et en ordonnée le pourcentage de la superficie cumulée. A partir de cette courbe on peut déterminer les altitudes caractéristiques qui sont, les altitudes maximales, les altitudes minimales, les altitudes médianes, ainsi, H5% et H95%. (Annexe 2).

Pour caractériser les sous bassins versants principales de la zone d'étude on se base sur les différents indices calculés, qui agissent sur l'écoulement global, Pour caractériser les formes et les reliefs des sous bassins versants on calcul l'indice de compacité et l'indice global des pentes. Ainsi les altitudes caractéristiques extraites des courbes hypsométriques sont les altitudes maximales, les altitudes médianes et les altitudes minimales. Les altitudes caractéristiques des sous bassins versant servent pour le calcul des pentes moyennes et les dénivelées.

Les résultats des calculs des différents indices sont déterminés dans le tableau 13.

**Tableau 13: Caractéristiques Morphologiques de la zone d'étude**

| Bassin versant | $H_{max}$ (m) | $H_{min}$ (m) | $H_{95\%}$ (m) | $H_{50\%}$ (m) | $H_{5\%}$ (m) | $H_{moy}$ (m) | $D = H_{5\%} - H_{95\%}$ | $Ig = \dfrac{D_m}{L_{km}}$ | $Ds = Ig * \sqrt{S}$ | $I = \dfrac{H_{max} - H_{min}}{\sqrt{S}}$ |
|---|---|---|---|---|---|---|---|---|---|---|
| Khalled | 940 | 70 | 190 | 420 | 747.5 | 505 | 557.5 | 0.0012 | 25.51 | 0.04 |
| Siliana | 1345 | 65 | 205 | 465 | 965 | 705 | 760 | 0.003 | 140.74 | 0.0004 |
| Lahmar | 653 | 43 | 93 | 170.5 | 300.5 | 348 | 207.5 | 0.0032 | 80.89 | 0.024 |
| Medjerda | 653 | 35 | 42.5 | 123 | 399 | 344 | 356.5 | 0.005 | 122.2 | 0.025 |

### III.4 Cartes Thématiques

Une carte thématique illustre la répartition spatiale des données relatives à un ou plusieurs thèmes particuliers des secteurs géographiques choisis. La carte peut être de nature qualitative (ex., carte direction des écoulements) ou quantitative (ex. Carte des pentes). Ces cartes sont des dérivés d'une carte tridimensionnelle dite modèle numérique de terrain «MNT».

### III.4.1 Modèle numérique de Terrain

Le Modèle numérique de terrain (MNT) est nécessaire pour calculer, par chemin de plus grande pente, la relation « bassin versant / rivière » et pour estimer (dans le cas où on n'a pas d'information précise) les pentes des rivières.

La carte du modèle numérique d'élévation Figure (14) est élaborée par *Arcgis 10.0* à partir des cartes satellitaires publiées par USGS et NASA avec une résolution de 30 × 30 m.

Cette carte montre la dominance du relief à élévation basse au nord et au centre, et une morphologie au relief vigoureux et aux pentes fortes à proximité des massifs montagneux caractérisés par une topographie très accidentée qui dépasse les 1300 m d'altitude au sud de la zone.

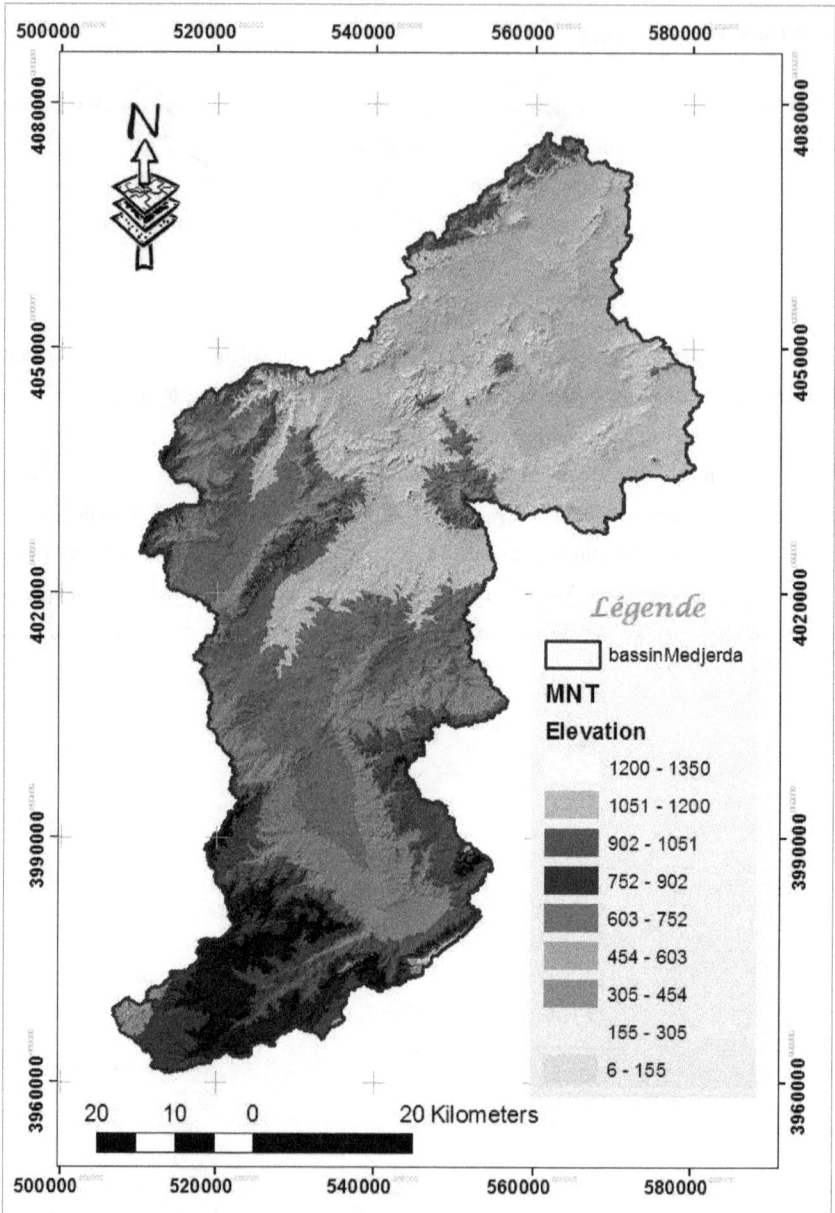

Figure 14:Carte Modèle Numérique de Terrain naturel

## III.4.2 Carte des Pentes

La carte des pentes donne une idée sur le relief et sur l'orientation des écoulements dans la zone d'étude. La carte des pentes de la zone d'étude est élaborée avec *Arcgis 10.0* à partir de modèle numérique de terrain en utilisant la commande « Slope ».

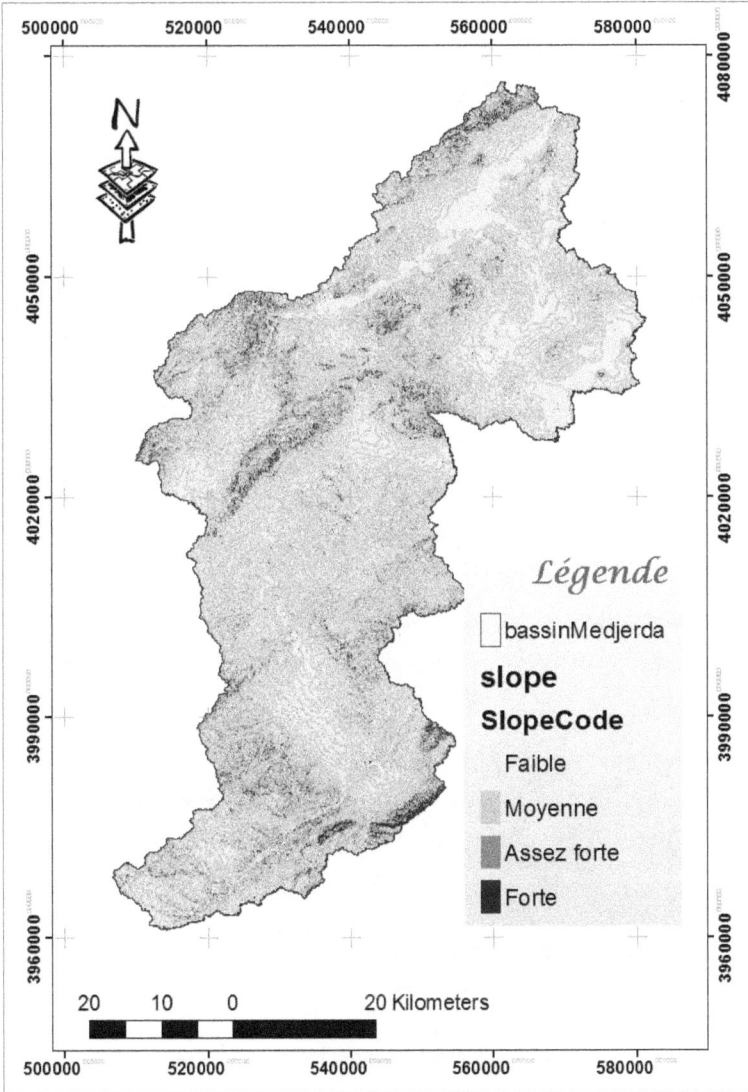

**Figure 15:Carte des pentes**

## III.5 Carte réseaux hydrographiques

Le réseau hydrographique se définit comme l'ensemble des cours d'eau naturels ou artificiels, permanents ou temporaires, qui participent à l'écoulement. Le réseau hydrographique est sans doute une des caractéristiques les plus importants du bassin versant.

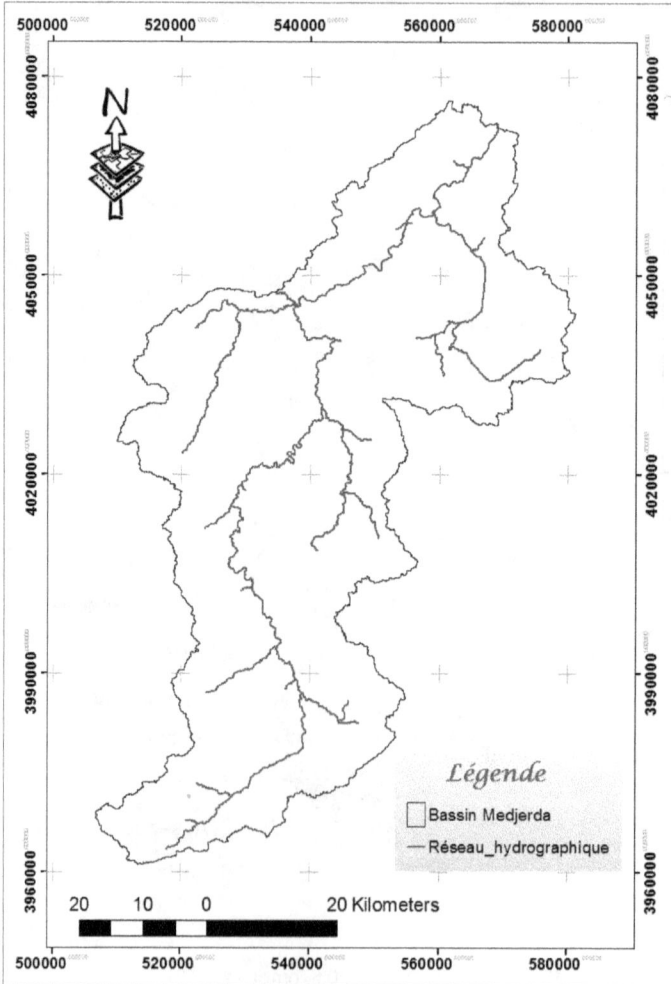

Figure 16:Carte du réseau hydrographique

### III.6 Pédologie

La nature pédologique des terrains a une influence sur les écoulements des eaux. La carte pédologique a été élaborée à l'aide de logiciel Arcgis 10.0 à partir des cartes agricoles des gouvernorats de Béja, Siliana, Ariana et Zaghouan fournies par la DGBGTH et à partir d'une image satellitaire Modis tékéchargé du site de NASA.

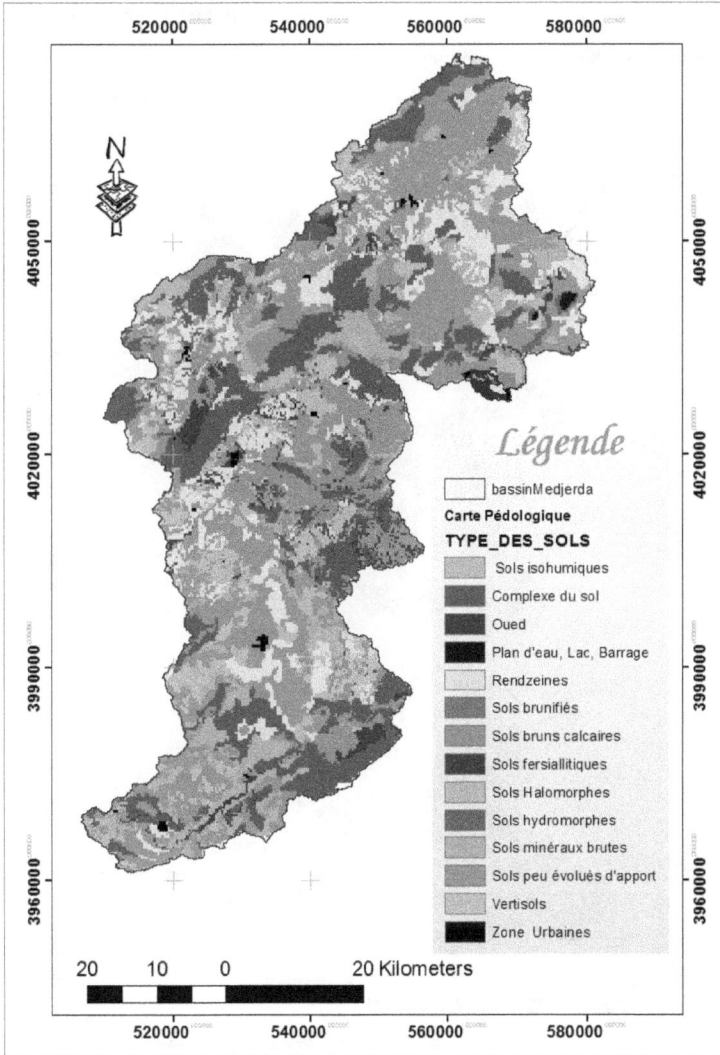

**Figure 17:Carte pédologique**

### III.7 Carte d'occupation des sols

Pour déterminer l'occupation des sols au niveau de la zone d'étude, on s'est basé sur les images *Landsat 8 OLI  2013* et *Google Earth 2014* et les prospections de terrain. En plus des types d'occupation habituellement rencontrées au niveau des zones rurales (forêts, arboricultures, cultures annuelles, etc....), la zone d'étude est caractérisée par un taux d'urbanisme assez faible. L'urbanisme est un facteur qu'il faut tenir compte lors de la modélisation hydrologique et hydraulique de la zone d'étude.

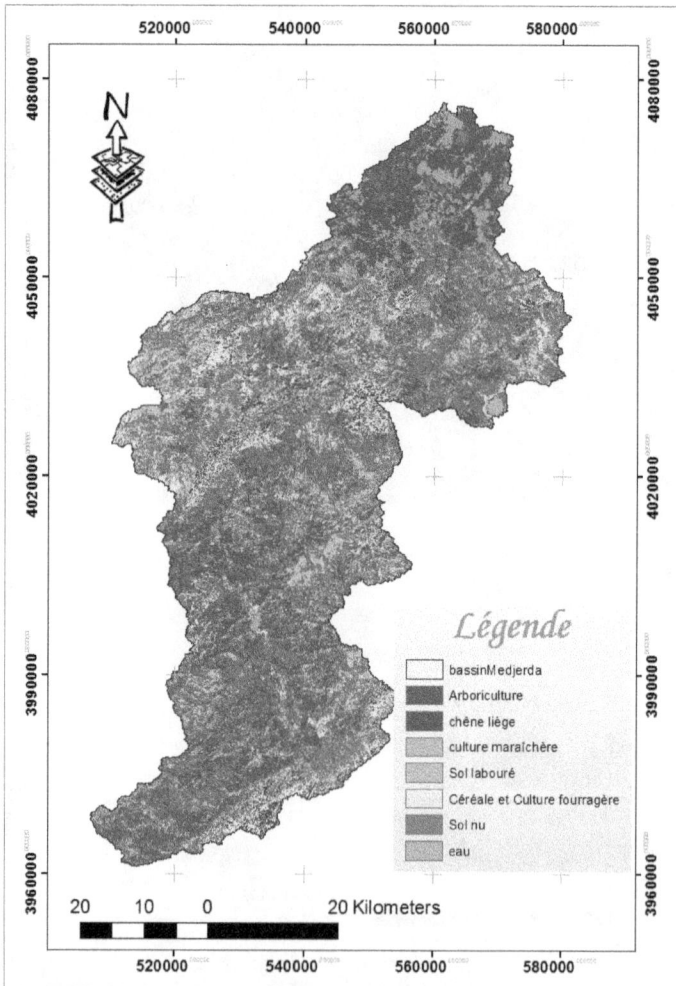

**Figure 18: Carte d'occupation des sols**

# Chapitre IV : Matériels et Méthodes

## IV.1 Les outils utilisés

La collection des données ou la constitution d'informations appropriée et l'utilisation du SIG et le logiciel de traitement des images satellitaires ENVI sont devenu aujourd'hui approvisionnées dans la modélisation et la gestion des eaux de surface. Pour la présente étude on va utiliser des données concernant des levées topographiques, des études...et des cartes satellitaires Landsat 2013 et Aster Gdem 2011. Et un certain nombre de logiciel (SPSS V.20, Hyfran, Global Mapper V.13...).

## IV.2 Collecte des données

### IV.2.1 Levées topographiques

On dispose d'un relevé topographique de 149 sections en travers sur l'oued Medjerda entre barrage Sidi et barrage Laaroussia réalisées en 2003 par l'Ecole Supérieure des Ingénieurs de l'Equipement Rural (ESIER) en collaboration avec l'Institut National Agronomique de Tunis (INAT). Ces profils sont rattachés en X, Y et Z par le nivellement général de la Tunisie et ils sont définis par les couples (distances, cote topographique). Les levées topographiques sont orientées de la rive droite vers la rive gauche.

### IV.2.2 Coefficients de rugosité, de contraction et d'expansion

Les coefficients de rugosité sont déterminés approximativement. On s'est basé sur les valeurs internationales inspirées du manuel HEC-RAS et sur des études antérieures dans le cadre de l'étude de modélisation de l'écoulement de la Medjerda et l'élaboration des cartes d'inondation. Les coefficients de contraction et d'expansion sont respectivement de l'ordre de 0.1 et 0.3 sauf au niveau des transitions abruptes, ces coefficients deviennent respectivement égaux à 0.6 et 0.8. Le logiciel HEC-Ras tient compte de la perte lors du calcul de la ligne d'eau. L'élargissement et le rétrécissement de l'oued conduisent respectivement à l'expansion et à la contraction de l'écoulement. Ceci se manifeste surtout lors de la présence des obstacles et des ouvrages d'art sur le cours d'eau.

Les valeurs typiques des coefficients de contraction et d'expansion sont données dans le tableau suivant :

**Tableau 14:Coefficients de contraction et d'expansion**

| Situation | Contraction | Expansion |
|---|---|---|
| Aucune perte de transition à calculer | 0 | 0 |
| Transition graduelle | 0.1 | 0.3 |
| Section de pont typique | 0.3 | 0.5 |
| Transition abrupte | 0.6 | 0.8 |

Ainsi, les valeurs des coefficients de rugosités sont tirées du manuel d'utilisation de HEC-RAS et sont présentées au tableau suivant :

**Tableau 15:Coefficients de rugosités**

| Etat du cours d'eau naturel | $n_{min}$ | $n_{normal}$ | $n_{max}$ |
|---|---|---|---|
| 1) Propre, droit, plein, aucune crevasse profonde | 0.025 | 0.03 | 0.033 |
| 2) Idem, mais plus de pierres et de mauvais herbes | 0.03 | 0.035 | 0.04 |
| 3) Propre, serpenté, quelque crevasse et bancs de sable | 0.033 | 0.04 | 0.045 |
| 4) Idem que (3), mais quelque mauvaise herbes et pierres | 0.035 | 0.045 | 0.05 |
| 5) Idem que (3), mais plus de zones mortes | 0.04 | 0.048 | 0.055 |
| 6) Idem que (3), mais plus de pierres | 0.045 | 0.05 | 0.06 |
| 7) Tronçon broussailleux, crevasses profondes | 0.05 | 0.07 | 0.09 |
| 8) Tronçon très broussailleux, crevasses profondes | 0.07 | 0.1 | 0.15 |

### IV.2.3 Les ouvrages hydrauliques

Les informations concernant les ponts qui existent sur le tronçon d'étude, leurs dimensions et leurs emplacements ont été pris de la Direction des Ponts et Chaussées de la Ministère de l'Equipement et de l'Habitat. Nous avons besoins de ces informations sur les différents ouvrages afin d'effectuer une simulation hydraulique qui s'approche à la réalité.

### IV.2.4 Les longueurs des tronçons

La longueur du tronçon est mesurée, en utilisant l'extension HEC-GEORAS et la carte du modèle numérique de terrain de la zone d'étude, entre deux sections successives sachant qu'elle possède trois longueurs différentes entre elles. Ce sont les longueurs entre lits mineurs (principal channel), entre rives droites et entre rives gauches. Ces longueurs différentes surtout au niveau des méandres.

### IV.2.5 Les conditions aux limites

Ce sont des valeurs à la basse desquelles se fait le calage ou calibration du modèle hydraulique et ces conditions sont nécessaires pour la production de la ligne d'eau pour le profil d'étude.

### IV.2.6 Les données pluviométriques

La cartographie de la zone d'étude menacée souvent par les inondations nécessite une analyse des variations de la pluviométrie. En effet, ce facteur constitue un élément décisif pour le calcul hydraulique et pour la détermination des cartes d'inondations.

### IV.2.7 Les images satellitaires

Les cartes topographiques sont dessinées et publié en 1987 par l'office de la topographie et de la topographie Tunis d'après des levées photogrammétries de 1982 complétés en 1986 et dans la présente étude on va établir une modélisation hydraulique de la ligne d'eau ainsi que la cartographie actuelle des zones inondables de l'oued Medjerda dans le tronçon limité par barrage Sidi Salem et barrage Laaroussia c'est pour cela on va utiliser des cartes satellitaires captés en 2013 et 2011 à fin de faire une modélisation proche de la réalité.

### IV.2.8 Le système d'information géographique sous $rcgis\ 10.0$

Un Système d'Information Géographique « SIG » est la traduction de l'abréviation anglais GIS qui désigne : *Geographic Information System*. C'est un ensemble de données numérique localisées géographiquement et structurées à l'intérieur d'un système de traitement informatique comprenant de matériels, de logiciels, et de processus conçus pour permettre, à partir des diverses sources, de rassembler et de construire, de combiner et d'analyser, de modeler et de gérer, d'élaborer et de représenter cartographiquement la base de données selon des critères sémantique et spatiaux afin de résoudre les problèmes complexes. Il représente un ensemble de documents cartographiques en format numérique auxquels est associée une base de données que l'on peut exploiter à l'aide de requêtes et analyser à l'aide d'opérations pour produire des cartes thématiques. Il a donné naissance à une discipline récente ; la géomatique qui combine la géographie et l'informatique.

### IV.2.9 Le logiciel ENVI

Le logiciel ENVI est un logiciel commercial complet de visualisation et de traitements d'images issues de la télédétection. Toutes les méthodes de traitement d'images de corrections géométriques, radiométriques, de démixage radiométrique, de classification et de mise en page cartographique sont présentes. D'autres outils relatifs à la visualisation et à la modélisation de données topographiques sont aussi disponibles.

### IV.2.10 Le logiciel de modélisation hydrologique HEC-HMS 4.0

Le logiciel HEC-HMS est développé par l'armée Américaine, C'est un modèle pluie débit il nous permet de déterminer les hydrogrammes de crues à partir des hyetogrammes déterminé manuellement par la méthode de Kieffer à partir des courbe intensité-durée-fréquence. Aussi c'est une plate-forme de modélisation permettant la combinaison d'une multitude de sous-modèles permettant de décrire différents processus hydrologiques. Ces processus sont le ruissellement direct de surface, l'infiltration dans le sol, l'évapotranspiration, les écoulements de sub-surface et souterrains (nappes phréatiques). Pour chacun des processus pouvant être impliqués dans la formation des crues à l'exutoire d'un bassin versant donné, il s'agit donc de faire un choix de modèle adapté aux conditions de ruissellement spécifiques de la zone étudiée.

### IV.2.11 Le logiciel de Modélisation hydraulique HEC-RAS 4.0

La mise en oeuvre de la modélisation dans le cas d'étude a été réalisée à l'aide du logiciel HECRAS. Les données d'entrées sont les profils en travers des oueds, les ouvrages hydrauliques existants et les résultats de la modélisation hydrologique. Ce modèle a pour objectif de déterminer la ligne d'eau. Les résultats de simulation hydraulique sont effectués pour différentes période de retour, sous des conditions aux limites bien déterminées, et suivant un régime transitoire ou permanent. De ce fait HEC RAS nous permet de savoir s'il existe un débordement ou des zones inondables. Il nous permet donc de déterminer le champ d'inondation.

### IV.2.12 L'extension HEC-GeoRAS

HEC-GeoRAS est un ensemble de procédures, d'outils et utilitaires pour le traitement des données géospatiales dans ArcGis en utilisant une interface utilisateur graphique (GUI).

L'interface permet la préparation des données géométriques, aussi le modèle HEC-GeoRAS a été appliquée pour préparer toutes les données d'entrée avant de commencer la simulation d'inondation. Le processus d'importation des données dans le modèle HEC-RAS a été fait dans les modèles HEC-GeoRas comme un ensemble d'outils d'ArcGis, Cette extension permet aux utilisateurs de créer un fichier d'importation HEC-RAS, qui comprend des données géométriques à partir d'un DEM existant et des ensembles de données complémentaires.

## IV.3 Méthodologie

### IV.3.1 Préparation de Modèle hydraulique

Notre étude s'est basée essentiellement sur l'utilisation de la modélisation hydraulique des écoulements à surface libre sous le modèle 1D de Saint-Venant connu sous le nom de HEC-RAS (*Hydrologic Engineering Center – River Analysis System*) qui est développé par le *Hydrologic Engineering Center* du *U.S. Army Corps of Engineers* pour la simulation des crues. Un autre outil principal utilisé est le SIG à travers le logiciel ArcGIS de l'institut ESRI (Environmental Systems Research Institute) avec l'extension HEC-GeoRAS soit pour la préparation des données à exporter vers HEC-RAS ou pour exploiter les résultats de la simulation dans un environnement SIG. Les principales données nécessaires à la réalisation de ce travail sont le Modèle Numérique de Terrain (MNT) d'une grande précision altimétrique qui a été généré à partir d'une carte satellitaire Aster Gdem avec une équidistance de 1 m et offrant par conséquent un grand potentiel en termes de précision et de détail. La précision altimétrique est estimée à 0.5 m à raison de la moitié de l'équidistance. Les profils topographiques réalisés après les inondations en 2003 en 149 points sur le long de l'oued Medjerda donnent une vue général sur le profil en long de l'oued et le second élément fondamental est le coefficient de Manning qui représente le frottement et qui est déduit à partir de la carte d'occupation du sol selon la nature du type du sol (bâti, terrain nu, végétation.. etc).

### IV.3.2 La modélisation hydrologique

L'objectif de construction d'un modèle hydrologique est de décrire les scénarios hydrologiques des principaux bassins versants de la zone d'étude en représentant la transformation d'un signal « pluie », hyétogramme de crue, en un signal « débit », hydrogramme de crue, d'après la méthode de Keifer. Ce qui revient d'une part à déterminer la quantité d'eau susceptible de s'écouler (fonction de production), d'autre part à calculer à quelle vitesse elle s'écoule (fonction de transfert). Cette représentation permet d'évaluer les futurs débits, des différentes périodes de retour, à l'exutoire des bassins versants de la zone d'étude.

### IV.3.3 Modélisation hydraulique

Cette étude représente une schématisation simplifiée d'un système réel d'écoulement à surface libre. Elle est composée de deux parties, la première est consacrée pour l'élaboration des lames d'eaux correspondantes aux différents débits issus de l'étude hydrologique afin de cartographier les zones inondables le long de tronçon d'étude de l'oued Medjerda, la seconde est sanctifiée pour la détermination des lignes d'eaux aux différents débits lâchés par le barrage Sidi Salem afin de préciser, actuellement, la capacité de l'oued Medjerda, dans le tronçon d'étude, a laissé passer un certain débit sans avoir un risque d'inondation. C'est *le débit de plein bord.*

# Chapitre V : Modélisation hydrologique

## V.1 Introduction

La modélisation hydrologique est d'avantage un outil servant à appréhender la dynamique de cycle de l'eau et à en comprendre les mécanismes, plutôt qu'un moyen de représenter ce système exactement. Elle traduit le besoin d'expliquer la dynamique d'un bassin versant afin d'en prévoir les comportements futurs et d'essayer de résoudre des problématiques des crues, de gestion de l'eau (qualitatif et quantitatif) ou encore de prévoir l'impact de toute modification anthropique du milieu. Ainsi, le modèle présenté ci-dessous est appliqué au bassin versant de la moyenne vallée de la Medjerda de manière à prévoir les hydrogrammes des crues, pour différent période de retour, dans chaque confluence le long d'oued Medjerda dans le tronçon d'étude.

## V.2 Diagnostic de la Moyenne vallée de la Medjerda

Dans le cadre d'une politique originale de gestion des eaux, le chenal d'écoulement de la moyenne vallée de la Medjerda a fait l'objet de plusieurs aménagements hydrauliques, tels que l'installation des digues en terres, la rectification de quelques sections, le recoupement des méandres, la construction des barrages,
Ces différents ouvrages ont contribué à régulariser le régime hydrologique de l'oued Medjerda qui parait très hétérogène. En effet, les barrages répartissent sur toute l'année les écoulements hivernaux les plus abondants. Tout de même, ils ont diminué le débit annuel moyen de l'oued Medjerda.

### V.2.1 Historique de la mise en place des barrages

La construction de barrages sous le protectorat français a été faible même si leur nécessité à l'époque était claire dans les esprits. Les premières tentatives pour lutter contre les inondations ont été entreprises en 1902. Puis lors du programme d'aménagement de la moyenne et la basse vallée de la Medjerda, on construisit le barrage de retenue de Laroussia.

#### V.2.1.1 Le barrage de Laaroussia

Il est situé sur la Medjerda à 10 km en amont de Tebourba dans la basse vallée, Il est à la côte normale de 37.50 m. Construit en 1954, il fonctionne comme un barrage du type rivière. Il remonte le niveau des eaux d'une dizaine de mètres. Les premières décennies de l'indépendance *(1956-1970)* sont marquées par un interventionnisme qui se fixe pour objectif la construction de plusieurs barrages tel que barrage Lakhmas, afin de répondre aux besoins de la population et des différents secteurs.

## V.2.2 Le barrage Lakhmas

A été le premier barrage édifié en 1966 sur l'oued Siliana. Il contrôle une aire de 127 km². L'aire de la retenue normale est de 102 ha à la côte 517 m.

Les aménagements hydrauliques majeurs survenus en Tunisie en 1973 ont poussé l'Etat à construire une série d'ouvrages. Il s'agissait de répondre rapidement aux besoins de la population et de pouvoir pallier le déficit hydrologique de certains épisodes climatiques. Ainsi, le rythme de la construction de barrages a alors été rapide avec la réalisation des barrages Sidi Salem (1981), Siliana (1987) et Rmil (2002).

### V.2.2.1 Le barrage Siliana

Réalisé en 1987, est le second barrage sur l'oued Siliana et couvre une aire de 1040 km² sur un bassin versant de 2 220 km2. L'apport annuel moyen est d'environ 57.9 Mm³. L'aire de la retenue est de 600 ha à la côte normale de 388,50 m

### V.2.2.2 Le barrage Sidi Salem

Réalisé en 1981 sur le cours de Medjerda, construit au niveau de la ville de Testour, à 8 kilomètres au nord-ouest de cette dernière, et il est en position de transition entre la moyenne et la basse vallée .Ce barrage est le plus grand ouvrage hydraulique tunisienne « 18,300 km² ».

### V.2.2.3 Le barrage Rmil

Réalisé en 2002, dans le bassin versant de Siliana sur l'oued R'mil, près de la ville de Bouarada et d'une surface de bassin versant de 232 km². La surface de la retenue est 62 ha à la cote normale de 285 m.

## V.2.3 Impacts de Barrage Sidi Salem sur l'évolution du lit de la Medjerda

La mise en place de barrages réservoirs, tels que le barrage de Sidi Salem sur la Medjerda, induit une diminution conséquente du débit dans les oueds. En effet la vocation du barrage (irrigation, eau potable, hydroélectricité et protection contre les inondations), oriente les gestionnaires vers des lâchers fréquents. De ce fait les caractéristiques morphologiques du lit se modifient en suite et se traduisent par une diminution très nette des sections.

De 1969 jusqu'à maintenant la section ne cesse d'évoluer. De plus, depuis 1981 le lit de la Medjerda connaît un engraissement continu, date de la mise en service de Barrage de Sidi Salem, le profil a subi un alluvionnement durable sur les rives, en particulier en rive gauche.

Ce changement de profil incite alors une diminution de la section mouillée et de la pente des berges et par conséquent la réduction du débit de débordement à certaines sections, favorisant ainsi le dépôt des sédiments.

Le tronçon étudié compris entre le barrage de Sidi Salem et de Laaroussia a beaucoup changé en l'espace. De la digue du barrage de Sidi Salem jusqu'à l'espace des méandres, tel que « Mouattiss », on constate un comblement du lit de l'oued pouvant atteindre jusqu'à 50%.

La modification du lit est à l'origine d'une modification de la dynamique fluviale dont la conséquence, des faibles débits qui auparavant ne provoquaient pas d'inondation sont maintenant susceptibles de causer des dégâts conséquents.

Une conséquence prévisible de l'engraissement du lit est l'augmentation de la fréquence des inondations. En effet, le débordement est atteint pour des débits de plus en plus faibles, or ceux-ci sont occasionnés par des évènements de période de retour bien moindre que ceux qui provoquaient les inondations par le passé.

Les crues exceptionnelles survenues en dernière années sur la zone d'étude soulèvent plusieurs questions en premier lieu celle de la gestion de barrage Sidi Salem, en période d'inondations.

Cette gestion doit prendre en considération un paramètre essentiel en cas de crise grave : la sécurité du barrage et corrélativement celle des hommes, biens et matériels à l'aval en cas de lâchers d'urgence.

De plus les crues sur la moyenne vallée de la Medjerda sont généralement une combinaison de plusieurs crues des sous bassins. Les conditions pré-crise et plusieurs autres paramètres sont pris en compte, tels que les apports à l'amont, les apports des bassins intermédiaires amenant à un risque de débordement à l'aval, les temps de propagation d'un point de décision à un autre, l'impact de côte de la retenue sur les vitesses et les temps de propagation et donc sur le freinage de l'eau en amont de la retenue et enfin l'impact des ouvrages en aval.

Finalement, dans la partie qui suit, on a proposé une approche par la modélisation hydrologique pour prévoir les hydrogrammes des crues, pour les périodes de retour de 5, 10, 20, 50 et 100 ans, dans chaque confluence le long d'oued Medjerda entre le barrage Sidi

Salem et barrage Laaroussia, et tenter de cerner les zones risquant d'être inondées en fonction des débits lâchés par le barrage de Sidi Salem. En tenant compte de l'évolution morphologique du lit de la rivière qui s'impose comme un facteur indispensable à la prévision des zones de débordement.

## V.3  Les Modèle utilisés pour la simulation sous HEC-HMS

Onze méthodes de calcul des pertes par infiltration sont proposées. Au vu des données qu'on dispose, c'est la méthode SCS Curve Number qui a été retenue. En effet, la plupart des méthodes nécessitent des données qu'on ne dispose pas et qui sont difficile à estimer. Il s'agit notamment de l'infiltration initiale ou constante, de l'interception par les arbres ou encore du pourcentage de saturation de sol.

Il faut également choisir une méthode de formation des hydrogrammes parmi les sept proposées. Parmi celles-ci, il est possible pour l'utilisateur de rentrer son propre hydrogramme de transformation. D'autres méthodes sont plus adaptées aux bassins versants urbains et d'autres nécessitent des données dont on ne dispose pas. C'est pourquoi la méthode SCS Unit Hydrograph a été retenue.

Six méthodes de routage sont proposées. On adopte la méthode de Muskingum-Gunge puisqu'elle dépend des variables morphologiques du terrain naturel par exemple : la pente moyenne, la rugosité des lits d'oued, la longueur de talweg et la pente de berges de l'oued.
Il faut aussi choisir une méthode pour la simulation des lâchées des barrages. Parmi les treize méthodes proposées par le HEC-HMS, c'est la méthode Storage-Discharge Function qui a été retenue. En effet, la plupart des méthodes nécessitent des données que le DGTH ne dispose pas comme la surface de plan d'eau.

## V.3.1  Les données nécessaires

Pour chaque sous bassin versant il est donc nécessaire de connaitre le Curve Number (pour le calcul des infiltrations) et le Lag time (pour le calcul des hydrogrammes unitaires). Pour pouvoir calculer les hydrogrammes en sortie de sous-bassins versants, il faut également renseigner la longueur des thalwegs, leurs pentes, leurs coefficients de Manning (qui définit la rugosité), leurs largeurs et la pente de leurs berges. Ainsi pour calculer le lag time il faut tout d'abord calculer le temps de concentration. On adopte la formule de Kripich. Les données sont mentionnées dans les tableaux 16 et 17.

## Tableau 16: Caractéristiques morphologiques des sous bassins versants (1)

| Unité hydrologique | Bassin versant | Sous bassin versant | Tc (min) | Lag Time (min) | n |
|---|---|---|---|---|---|
| Oued Medjerda | Medjerda | Testour | 102.39 | 61.43 | 0.027 |
| | | Slouguia | 288.02 | 172.81 | 0.027 |
| | | Toukeber | 12.60 | 7.56 | 0.027 |
| | | Medjez Beb | 5.35 | 3.21 | 0.027 |
| | | Sidi Nasr | 65.56 | 39.34 | 0.0675 |
| | | El Herri | 90.92 | 54.55 | 0.07 |
| | | Dawar Bed | 20.28 | 12.17 | 0.07 |
| | | Laaroussia | 69.48 | 41.69 | 0.07 |
| Oued Khalled | Khalled | Dougga | 218.82 | 131.29 | 0.0345 |
| | | Thibar | 79.88 | 47.93 | 0.0345 |
| | | Testour Montagne | 91.46 | 54.88 | 0.027 |
| Oued Siliana | Siliana | Makthar | 57.79 | 34.68 | 0.037 |
| | | El Jemaa | 13.82 | 8.29 | 0.037 |
| | | Kasra | 74.85 | 44.91 | 0.037 |
| | | Bir Khalifa | 49.94 | 29.97 | 0.037 |
| | | Al Frish | 21.59 | 12.96 | 0.037 |
| | | Dashrat al Bahrine | 28.73 | 17.24 | 0.0345 |
| | | Lakhmes | 86.03 | 51.62 | 0.0345 |
| | | El Ksour | 183.09 | 109.85 | 0.037 |
| | | Ras al Maa | 20.48 | 12.29 | 0.0345 |
| | | Dashret al Oueslatia | 15.51 | 9.31 | 0.037 |
| | | Siliana | 55.69 | 33.41 | 0.0345 |
| | | Dashret al Aouach | 120.07 | 72.04 | 0.037 |
| | | Barrage Siliana | 102.92 | 61.75 | 0.0345 |
| | | Al Jamah | 11.54 | 6.92 | 0.037 |
| | | Sers | 219.55 | 131.73 | 0.0345 |
| | | Lagsab | 53.06 | 31.84 | 00345 |
| | | Dashret al Oucelti | 108.98 | 65.39 | 0.037 |
| | | Ksar | 97.00 | 58.20 | 0.037 |
| | | Henchir Ben Bedir | 8.34 | 5.00 | 0.0345 |
| | | Gaafour | 34.17 | 20.50 | 0.0345 |
| | | Jlidah | 39.11 | 23.46 | 0.0345 |
| | | Bou Aradha | 156.52 | 93.91 | 0.0345 |
| | | Al Arusah | 38.22 | 22.93 | 0.0345 |
| | | Sidi Ayed | 239.65 | 143.79 | 0.0345 |
| | | Dashret Chetlou | 118.72 | 71.23 | 0.0345 |
| | | Bou Jalidah | 5.41 | 3.25 | 0.0675 |
| | | Testour sud | 62.29 | 37.37 | 0.027 |
| | | Testour | 34.98 | 20.99 | 0.027 |
| Oued Lahmar | Lahmar | Ain Younes | 0.53 | 0.32 | 0.025 |
| | | Sidi Jaber | 288.30 | 172.98 | 0.02 |
| | | Sebkhet Koursia | 62.18 | 37.31 | 0.02 |
| | | Quballat Sud-Ouest | 23.28 | 13.97 | 0.027 |
| | | Quballat Sud | 55.38 | 33.23 | 0.027 |
| | | Ouled Cheikh Ayed | 17.03 | 10.22 | 0.0675 |
| | | Quballat Nord-Ouest | 3.97 | 2.38 | 0.027 |
| | | Quballat | 152.53 | 91.52 | 0.027 |
| | | Montardau | 37.87 | 22.72 | 0.07 |
| | | Quarish al Wadi | 131.23 | 78.74 | 0.07 |

## Tableau 17:Caractéristiques morphologiques des sous bassins versants (1)

| Unité hydrologique | Bassin versant | Sous bassin versant | CN | Pm (%) | L (km) |
|---|---|---|---|---|---|
| Oued Medjerda | Medjerda | Testour | 84 | 7.38 | 12.57 |
| | | Slouguia | 84 | 3.04 | 30.83 |
| | | Toukeber | 79 | 5.87 | 2.14 |
| | | Medjez Beb | 85 | 6.12 | 0.94 |
| | | Sidi Nasr | 80 | 6.31 | 8.03 |
| | | El Herri | 77 | 6.17 | 12.81 |
| | | Dawar Bed | 82 | 8.94 | 3.44 |
| | | Laaroussia | 82 | 5.59 | 9.60 |
| Oued Khalled | Khalled | Dougga | 80 | 4.54 | 29.95 |
| | | Thibar | 78 | 7.24 | 12.01 |
| | | Testour Montagne | 84 | 2.92 | 8.38 |
| Oued Siliana | Siliana | Makthar | 78 | 6.12 | 8.37 |
| | | El Jemaa | 78 | 8.03 | 2.36 |
| | | Kasra | 68 | 4.10 | 8.29 |
| | | Bir Khalifa | 78 | 5.82 | 6.95 |
| | | Al Frish | 79 | 9.09 | 4.09 |
| | | Dashrat al Bahrine | 82 | 10.46 | 4.92 |
| | | Lakhmes | 80 | 3.95 | 8.55 |
| | | El Ksour | 78 | 5.92 | 26.63 |
| | | Ras al Maa | 68 | 5.65 | 2.82 |
| | | Dashret al Oueslatia | 82 | 7.62 | 2.73 |
| | | Siliana | 84 | 5.04 | 7.24 |
| | | Dashret al Aouach | 81 | 5.39 | 16.26 |
| | | Barrage Siliana | 69 | 4.52 | 13.54 |
| | | Al Jamah | 79 | 7.92 | 2.02 |
| | | Sers | 84 | 3.15 | 23.28 |
| | | Lagsab | 81 | 3.97 | 6.47 |
| | | Dashret al Oucelti | 80 | 4.29 | 14.20 |
| | | Ksar | 68 | 6.05 | 12.75 |
| | | Henchir Ben Bedir | 73 | 4.53 | 1.26 |
| | | Gaafour | 75 | 5.98 | 4.66 |
| | | Jlidah | 79 | 6.34 | 5.87 |
| | | Bou Aradha | 81 | 4.80 | 16.25 |
| | | Al Arusah | 81 | 8.40 | 5.88 |
| | | Sidi Ayed | 82 | 4.03 | 29.56 |
| | | Dashret Chetlou | 76 | 4.68 | 14.31 |
| | | Bou Jalidah | 79 | 7.64 | 1.04 |
| | | Testour sud | 81 | 6.42 | 7.64 |
| | | Testour | 76 | 9.53 | 4.96 |
| | | Ain Younes | 79 | 8.05 | 0.14 |
| Oued Lahmar | Lahmar | Sidi Jaber | 78 | 1.90 | 25.61 |
| | | Sebkhet Koursia | 83 | 6.14 | 8.70 |
| | | Quballat Sud-Ouest | 80 | 7.15 | 3.87 |
| | | Quballat Sud | 84 | 1.45 | 3.17 |
| | | Ouled Cheikh Ayed | 80 | 3.26 | 1.67 |
| | | Quballat Nord-Ouest | 82 | 4.98 | 0.68 |
| | | Quballat | 75 | 2.16 | 15.64 |
| | | Montardau | 82 | 2.09 | 3.64 |
| | | Quarish al Wadi | 83 | 2.25 | 10.53 |

L'analyse de la gestion des barrages pendant les crues principales dans la dernière décennale nous a permis d'élaborer les courbes (Storage-Discharge) caractéristiques de chaque barrage de la zone d'étude. Dans la présente étude on se basé sur ces courbes caractéristiques. Les courbes sont présentées dans l'annexe (4). La largeur des cours d'eau et la pente de leurs berges ont été estimées respectivement à une valeur moyenne de 15 m et 2/1 (H/V). Les longueurs et les pentes des tronçons des rivières ont été calculées à partir du MNT, leurs coefficients de Manning ont été estimés à partir des études précédentes sur la zone d'étude.

## V.4 Conception des pluies

Différentes méthodes existent pour construire les pluies de la modèle hydrologique parmi lesquelles la méthode de Keifer ; cette méthode consiste à construire les hyétogrammes à partir des courbes Intensité-Durée-Fréquence, en procédant aux étapes suivantes :

✓ Choix d'une période de retour sur la courbe IDF.

✓ Choix d'un pas de temps $\Delta t$ pour la description du hyétogramme.

✓ Calcul par la loi de Montana, puis tabulation, des hauteurs des pluies précipitées à des intervalles de temps croissant de $\Delta t$ à n.$\Delta t$.

✓ Calcul de hauteurs incrémentées respectivement pour chacun des intervalles précités.

✓ Redistribution de ces hauteurs pluviométriques en plaçant au centre l'intervalle de pluie maximale, et en altérant respectivement à sa gauche et à sa droite les incréments pluviométriques successifs calculées aux intervalles suivants.

✓ Calcul, à chaque incrément de l'intensité pluviométrique correspondante.

✓ Représentation graphique au moyen d'histogramme du héytogramme sous la forme hauteurs et intensités pluviométriques.

Les résultats des calculs et les hyétogrammes des pluies de retours de 5, 10, 20, 50 et 100 ans sont présentés dans l'Annexe 1.

## V.5 Modèle hydrologique de la zone d'étude

La Moyenne vallée de la Medjerda, d'une surface de 3867 km², se compose en 49 sous bassins versants. Les principaux aménagements de la zone d'étude sont : 3 barrages ; Siliana, R'mil et Lakhmes, et 39 lacs collinaires.

Le modèle hydrologique de la moyenne vallée de la Medjerda introduit dans le logiciel HEC-HMS est présenté dans la figure suivante :

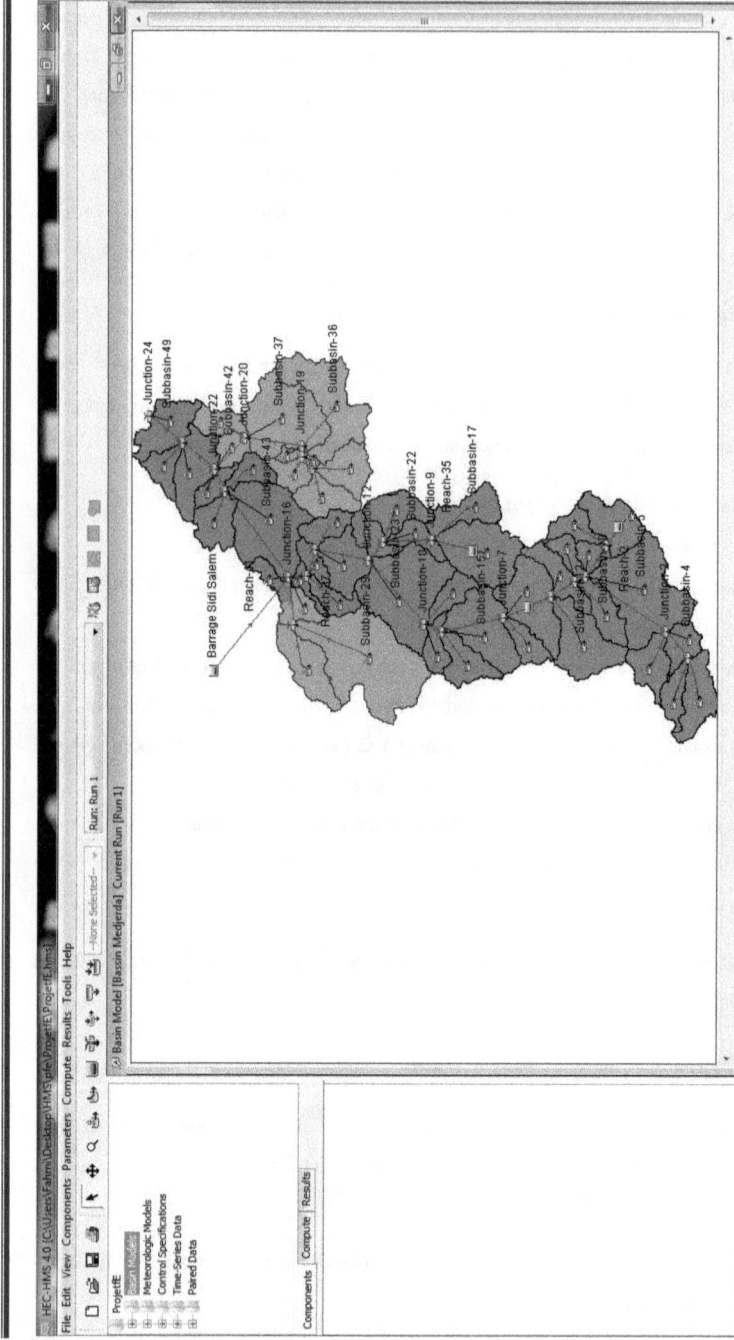

Tableau 18: Modèle Hydrologique de la Moyenne vallée de la Medjerda

## V.6 Présentation des stations hydrométriques de la Moyenne Vallée de la Medjerda

La moyenne vallée de la Medjerda limitée par barrage Sidi Salem et barrage Laaroussi est contrôlée par cinq stations hydrométriques principales.

### V.6.1 La Station Aval El Mektla

L'oued Khaled est un affluent direct de l'oued Mejerdah, il est contrôlé par une station hydrométrique, il s'agit de la station khalled aval Maktla situé à l'aval du Pont Gp5. La surface de bassin versant drainé à ce niveau est 452 km².

### V.6.2 La Station Jbel Laouej

La station Jbel Laouj constitue un point de contrôle à l'aval de l'oued Siliana. Elle contrôle une superficie de 2201 km².

### V.6.3 La Station Slouguia

La station Slouguia est une station clé, elle constitute un point de contrôle les lâchers du barrage de Sidi Salem, les apports de l'oued Khalled et de l'oued Siliana. Elle contrôle une superficie de 20996 Km².

### V.6.4 La station Pont Route GP5

L'oued Lahmar est un affluent direct de l'oued Mejerdah, il est contrôlé par la station Pont Route, la superficie du bassin versant drainé à ce niveau est de 639 km².

### V.6.5 La station El Herri

La station est située aux abords de la station de pompage et à l'aval de la moyenne vallée de la Medjerda, la superficie du bassin contrôlée par cette station est de 13794 Km².

## V.7 Corrélation des séries des débits de pointes

### V.7.1 Enregistrement des séries de débits de pointes

Les enregistrements des débits de pointes au niveau des stations hydrométriques principales sont présentés dans le tableau 18:

## Tableau 19: Débits de pointes annuelles des stations hydrométriques

| Date | Enregistrement des débits de pointes (m³/s) | | | | |
|---|---|---|---|---|---|
| | Station Hydrométrique | | | | |
| | Aval El Mektla | Jbel Laouej | Slouguia | Pont Route GP5 | El Herri |
| 1984/1985 | - | - | 257 | - | - |
| 1985/1986 | - | 72.6 | 186 | - | - |
| 1986/1987 | - | 319 | 257 | - | - |
| 1987/1988 | - | 101 | 345 | - | - |
| 1988/1989 | - | 86.3 | 499 | - | - |
| 1989/1990 | - | 186 | 158 | - | - |
| 1990/1991 | - | 90 | 303 | - | - |
| 1991/1992 | - | 243 | 192 | - | - |
| 1992/1993 | - | 80.8 | 349 | - | - |
| 1993/1994 | - | 15.4 | 71.8 | - | 215 |
| 1994/1995 | - | 141 | 136 | - | 14.9 |
| 1995/1996 | - | 141 | 309 | - | 52.1 |
| 1996/1997 | - | 48.2 | 129 | - | 219 |
| 1997/1998 | - | 130 | 306 | - | 31.7 |
| 1998/1999 | - | 52.3 | 249 | - | 190 |
| 1999/2000 | - | 27.8 | 74 | - | 148 |
| 2000/2001 | - | 167 | 138 | - | 57.8 |
| 2001/2002 | - | 223 | 74.4 | - | 160 |
| 2002/2003 | 187 | 360 | 740 | 69.4 | - |
| 2003/2004 | - | 685 | 407 | - | 315 |
| 2004/2005 | - | 338 | 407 | - | - |
| 2005/2006 | - | 236 | 316 | - | - |
| 2006/2007 | - | 79.3 | 103 | - | - |
| 2007/2008 | 35.92 | 31.42 | 111 | 81.9 | 109 |
| 2008/2009 | 49.9 | 125 | 265.5 | 64.42 | 70.75 |
| 2009/2010 | - | 11.15 | 44 | - | 22.25 |
| 2010/2011 | 42.54 | 12.16 | 48.75 | - | 25.689 |
| 2011/2012 | 50 | 121 | 265 | 58 | - |
| 2011/2013 | - | 55.53 | 67.2 | - | 31.29 |

## V.7.2 Corrélation entre les débits mesurés à la station Jbel Laouej et la station Slouguia

A cause du manque des enregistrements des débits instantanés dans la plupart des stations hydrométriques, on va calculer le coefficient de corrélation seulement pour les stations Jbel Laouej et Slouguia.

Le coefficient de corrélation nous donne une bonne estimation de l'ampleur de la relation linéaire entre les débits amont et aval.

| Descriptive Statistics | | | |
|---|---|---|---|
| | Mean | Std. Deviation | N |
| Jbel Laouej Hydrometric Station | 182,89 | 256,077 | 28 |
| Slouguia Hydrometric Station | 215,1071 | 175,66157 | 28 |

**Figure 19:Statistique descriptive des débits de pointes des stations Jbel Laouej-Slouguia**

| Correlations | | Jbel Laouej Hydrometric Station | Slouguia Hydrometric Station |
|---|---|---|---|
| Jbel Laouej Hydrometric Station | Pearson Correlation | 1 | ,441* |
| | Sig. (2-tailed) | | ,019 |
| | Sum of Squares and Cross-products | 1770541,405 | 535164,246 |
| | Covariance | 65575,608 | 19820,898 |
| | N | 28 | 28 |
| Slouguia Hydrometric Station | Pearson Correlation | ,441* | 1 |
| | Sig. (2-tailed) | ,019 | |
| | Sum of Squares and Cross-products | 535164,246 | 833138,679 |
| | Covariance | 19820,898 | 30856,988 |
| | N | 28 | 28 |

*. Correlation is significant at the 0.05 level (2-tailed).

**Figure 20: Résultat de Corrélation des séries des débits de points des stations Jbel Laouej et Sluoguia**

D'après la figure 20, on remarque que p-value, qui est égale à 0.019, est inférieur au niveau de signification. Donc la corrélation est significative au niveau de 5%.

La corrélation de Pearson des stations Jbel Laouej - Slouguia est 44.1 %, ce qui signifie que le barrage Sidi Salem a un rôle primordial pour la détermination de la ligne d'eau dans l'oued Medjerda.

## V.8 Résultats d'ajustement graphique des séries des débits de pointes

### V.8.1 Ajustement des séries des débits de pointe enregistrée aux stations Jbel Laouej-Slouguia suivant les lois de distribution

L'ajustement des séries des débits présentés dans le tableau 18 nous donne une bonne estimation des débits de points pour différentes périodes de retour.

L'ajustement graphique des séries des débits de pointe des stations Jbel Laouej-Slouguia montre que le débit enregistré s'ajuste en général suivant la loi normale de Gauss, la loi exponentielle, la loi Gev et la loi Gumbel. Les résultats d'ajustement sont montrés dans le tableau 19.

**Tableau 20:Résultats d'ajustement graphique**

| Loi d'Ajustement | Station hydrométrique | | | | | | | | | | | |
|---|---|---|---|---|---|---|---|---|---|---|---|---|
| | Jbel Laouej | | | | | | Slouguia | | | | | |
| | P-value | 5 ans | 10 ans | 20 ans | 50 ans | 100 ans | P-value | 5 ans | 10 ans | 20 ans | 50 ans | 100 ans |
| Normale | 0.0001 | - | - | - | - | - | 0.1659 | 366 | 435 | 492 | 556 | 599 |
| Gev | 0.8013 | 215 | 320 | 454 | 690 | 931 | 0.3098 | 336 | 438 | 546 | 700 | 829 |
| Gumbel | 0.5578 | 271 | 357 | 440 | 547 | 627 | 0.2382 | 341 | 429 | 513 | 623 | 705 |
| Exponentielle | 0.6446 | 291 | 415 | 538 | 702 | 825 | 0.2382 | 355 | 492 | 629 | 810 | 947 |

Le Test de $X^2$ montre que la série des débits de pointe de la station hydrométrique de Jbel Louej ne suit pas la loi normale de Gauss puisque p-value, 0.0001, est inférieur au niveau de signification, 0.05.

Dans les deux stations, les p-value de l'ajustement de la loi Gev sont les plus importants ce qui laisse fortement penser que les deux séries des débits de pointe suivent la loi Gev.

Pour une période de retour de 5 ans on remarque, d'après l'ajustement des débits maximaux enregistrés, que les débits de retour pour les stations Jbel Laouej et Slouguia sont successivement 239 m³/s et 336 m³/s ce qui correspond avec les débits de pointe enregistrés pendant l'année 2005/2006. Donc dans ce qui suit on va caler le modèle hydrologique de bassin versant de la moyenne vallée de la Medjerda, pour la période de retour 5 ans, avec les hydrogrammes des crues enregistrés en 2005/2006.

## V.9    Résultats de la simulation

La Modélisation hydrologique de la Moyenne vallée de la Medjerda n'a pas réussie car la construction de ce modèle nécessite plus de temps et plus des données que la DGTH et la DGRE ne disposent pas, il s'agit notamment des données concernant des lacs collinaires présentent dans la zone d'étude ...

### V.9.1  Hydrogrammes des crues : 5 ans

Les résultats de la simulation hydrologique sont donnés ci-dessous :

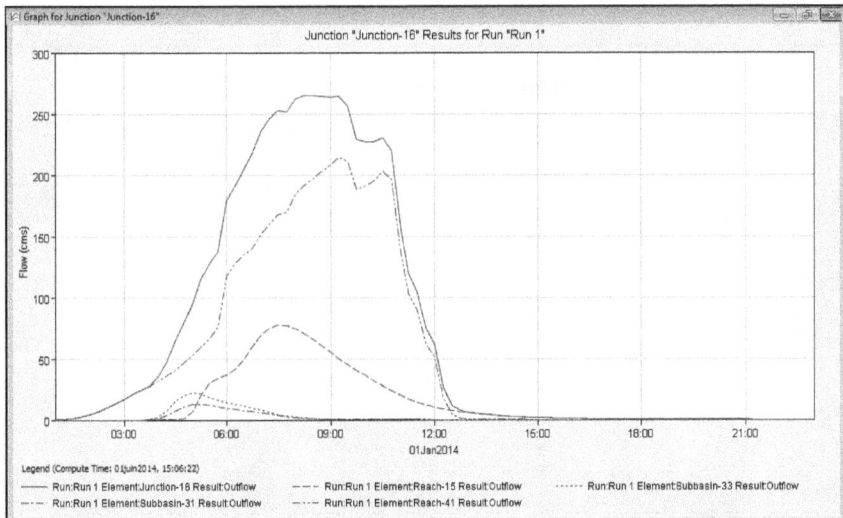

**Figure 21: Confluence Bassin versant Khalled – Oued Medjerda**

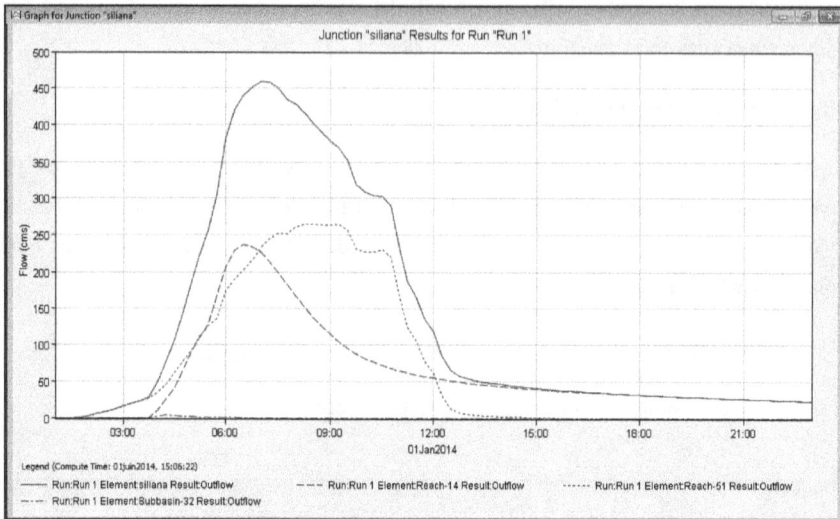

**Figure 22:Confluence Bassin versant Siliana – Oued Medjerda**

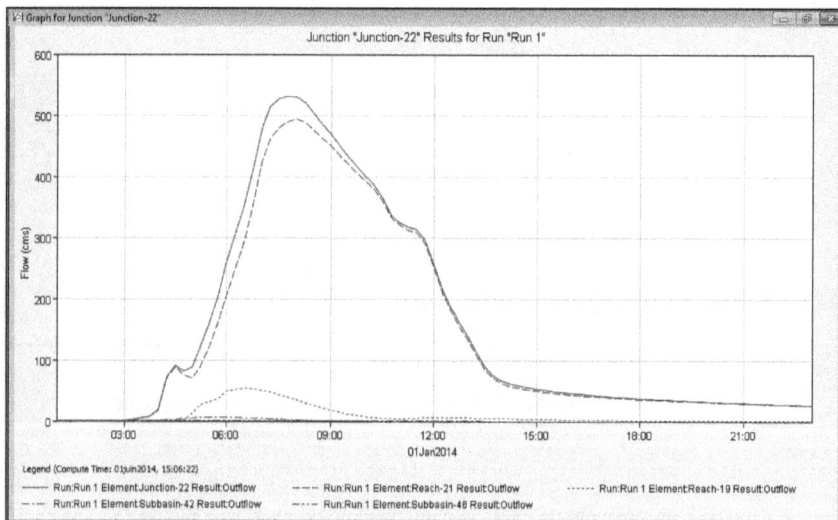

**Figure 23:Confluence Bassin versant Siliana – Oued Medjerda**

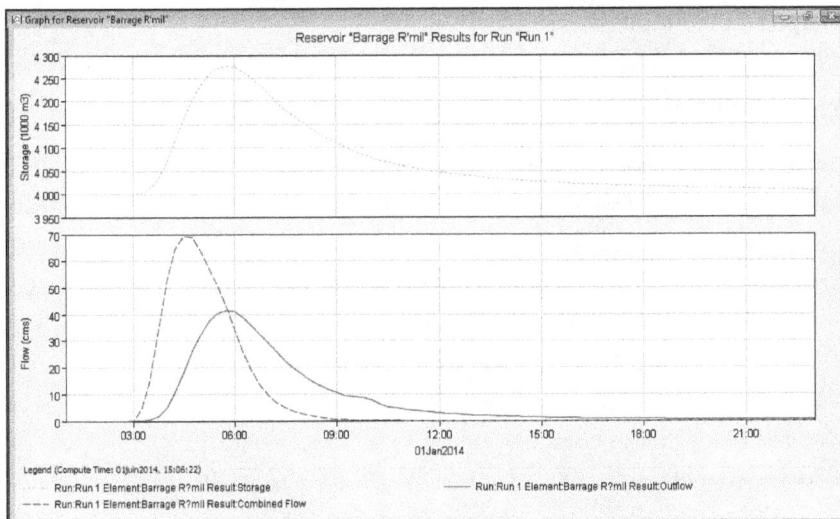

**Figure 24:Hydrogramme de crue : Barrage R'mil**

## V.10 Estimation des débits des crues

On va estimer les débits de points des crues en se basant sur l'ajustement statistique et les observations instantanés sur les stations hydrométriques. Les résultats d'estimation sont présentés dans le tableau 21.

**Tableau 21:Estimation des débits de pointes**

| Débit de crue (m³/s) | | | | | |
|---|---|---|---|---|---|
| Confluence | Période de retour | | | | |
| | 5 ans | 10 ans | 20 ans | 50 ans | 100 ans |
| Aval bassin versant Khalled | 59.6 | 72 | 125.7 | 182 | 225 |
| Aval bassin versant Siliana | 215 | 320 | 454 | 690 | 931 |
| Slouguia | 336 | 438 | 546 | 700 | 829 |
| Aval bassin versant Lahmar | 56.7 | 65.9 | 77.2 | 122 | 195 |

## Chapitre VI :  Modélisation hydraulique

### VI.1 Introduction

Dans cette partie on va étudie la simulation 1 D de tronçon d'oued Medjerda entre le barrage Sidi Salem et barrage Laaroussia : la première partie est consacrée pour la simulation des écoulements dans le tronçon d'étude lors des crues pour différentes périodes de retour 5, 10, 20, 50 et 100 ans, les données de cette partie sont les résultats de la modélisation hydrologique développée dans le chapitre précèdent. La deuxième partie est consacrée pour l'étude de la simulation d'eau dans le tronçon d'étude lors des lâchées des débits de barrage Sidi Salem après les crues. Les résultats de ces deux parties sont importés dans le logiciel *ArcGis 10.0* pour élaborer les cartes d'inondations de la zone d'étude. La troisième partie est consacrée pour la détermination de débit de plein bord de la zone d'étude.

### VI.2  Présentation de Modèle hydraulique introduit dans le HEC-RAS

Le tronçon d'étude, limité par barrage Sidi Salem et barrage Laaroussia, a une longueur de 86 km. Il existe quatre ponts sur ce tronçon ; le pont Slouguia, Medjez El Beb GP5, El Andalous et Borj Toumi.

Le modèle hydraulique de la zone d'étude est présenté dans les figures 25 et 26.

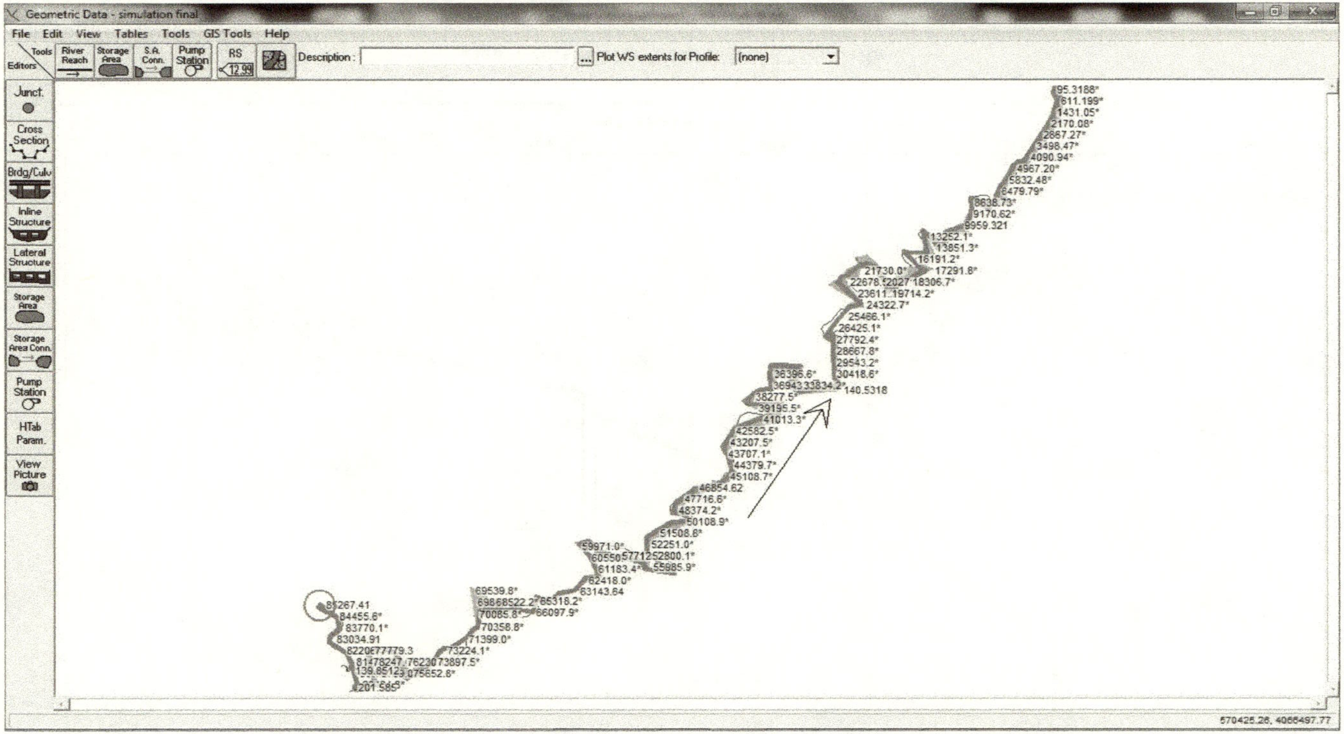

**Figure 25:Réseau hydrographique de la zone d'étude**

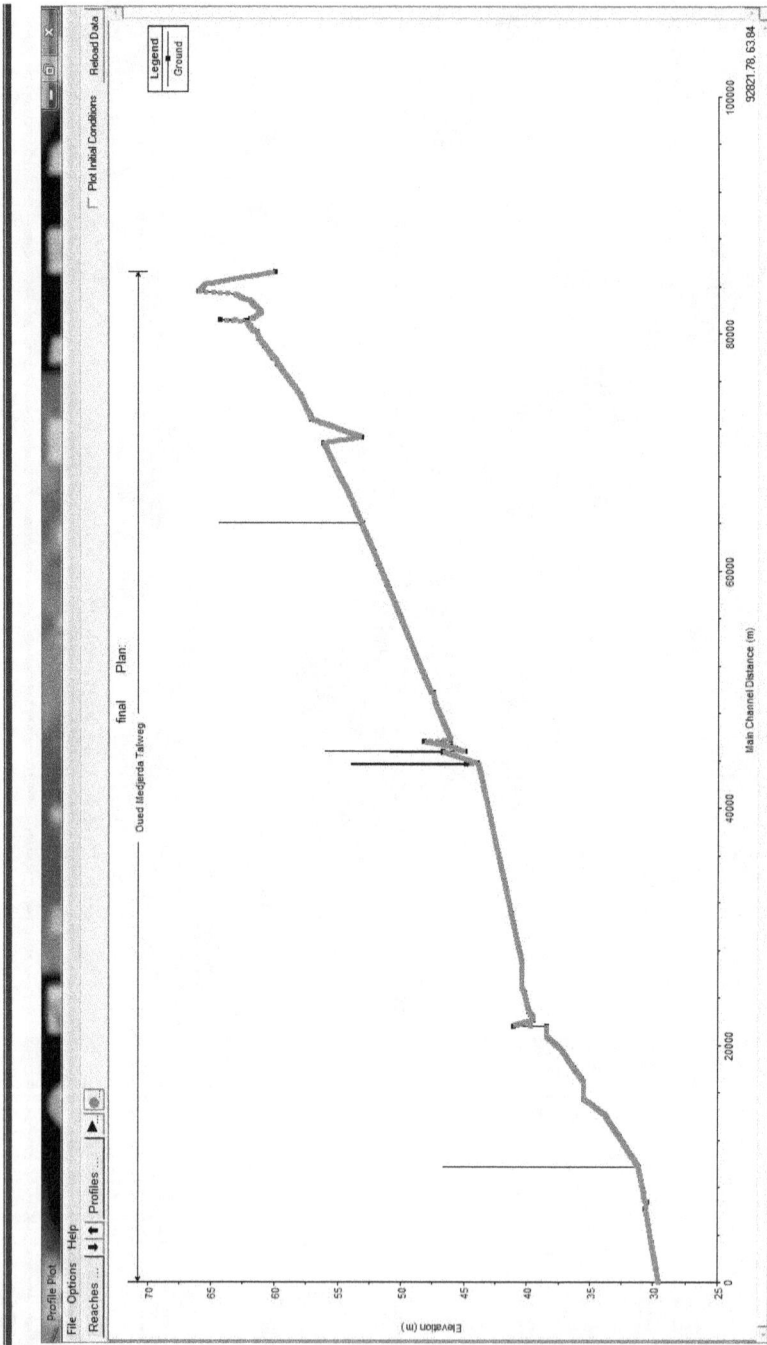

**Figure 26:Profil en Long d'Oued Medjerda**

### VI.3  Conditions aux limites et Calage de Modèle hydraulique

### VI.3.1  Conditions aux limites

Les conditions aux limites sont fixées à l'aval. Le type de condition aux limites choisies est la hauteur d'eau puisque on dispose de barème d'étalonnage de la saison 2011 du barrage Laroussia et des stations hydrométriques Slouguia, Medjez El Beb et El Herri.

### VI.4  Calage de Modèle hydraulique

### VI.4.1  Calage de coefficient de rugosité

La valeur du coefficient de rugosité 'n' est variable sur le tronçon étudié d'oued Medjerda. D'après les études faites sur la zone d'étude le coefficient de rugosité varie de 0.025 à 0.076. Pour la première simulation, on reprend les mêmes valeurs de 'n' et au fur et à mesure des résultats des simulations, on fait varié ces valeurs jusqu'à arriver à un bon calage.

### VI.4.2  Calage des profils topographiques

Les profils topographiques utilisés dans la présente étude sont des relevés de 149 sections en travers sur l'oued Medjerda entre barrage Sidi Salem et barrage Laaroussia réalisées en 2003 par l'Ecole Supérieure des Ingénieurs de l'Equipement Rural en collaboration avec l'Institut National Agronomique de Tunis. Cependant, depuis 2003 jusqu'à maintenant, la zone d'étude a connue trois inondations majeurs, il s'agit notamment des inondations de 2005, 2009 et 2012. A cause de manque des données concernant la topographie actuelle de la Medjerda, on a utilisé le logiciel ENVI 4.5 pour traiter des images satellitaires Aster GDEM effectuées par l'USGS et NASA en Octobre 2011 pour le calage des profils.

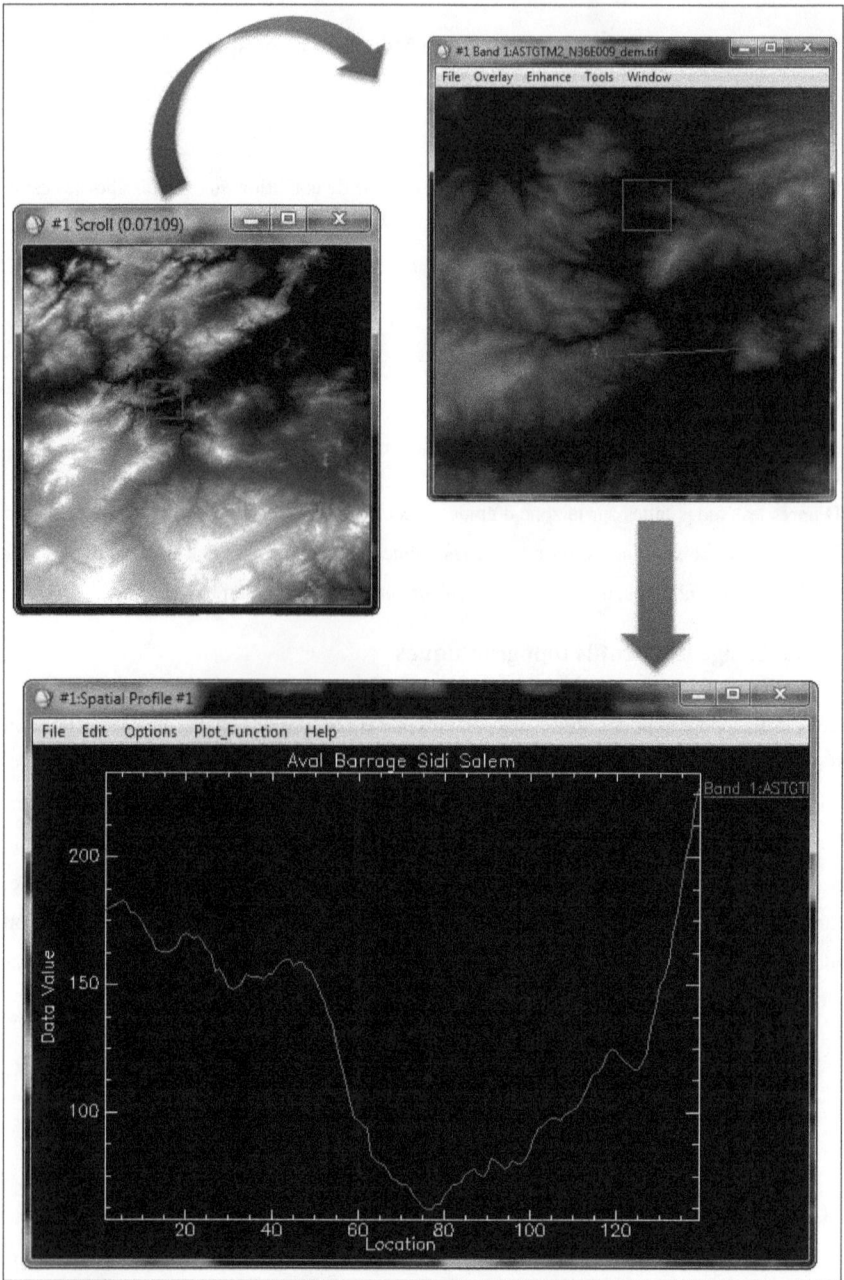

**Figure 27:Profil topographique Aval sidi Salem**

## VI.5 Test de calage

Le test de calage se fera en minimisant l'erreur relative, en variant le coefficient de Manning 'n'.

$$E = \left| \frac{V_{cal} - V_{obs}}{V_{obs}} \times 100 \right|$$

Avec :

$E$ = Erreur relative

$V_{cal}$ = Valeur calculée

$V_{obs}$ = Valeur observé

## VI.6 Résultats de calage

Les coefficients de rugosités sont estimés, pour chaque section, dans le tableau 22.

**Tableau 22:Coefficient de rugosité estimé pour chaque section**

| Station | 'n' rive gauche | 'n' lit mineur | 'n' rive droite |
|---|---|---|---|
| Slouguia | 0.075 | 0.025 | 0.075 |
| Medjez El Beb | 0.075 | 0.0675 | 0.075 |
| El Herri | 0.075 | 0.0675 | 0.075 |

En faisant varier la valeur de la rugosité de différentes sections pour minimiser l'erreur entre les hauteurs observées et les hauteurs calculées. Les coefficients de rugosité de calage sont donnés dans le tableau 23.

**Tableau 23:Coefficient de rugosité de calage**

| Station | 'n' rive gauche | 'n' lit mineur | 'n' rive droite |
|---|---|---|---|
| Slouguia | 0.075 | 0.027 | 0.075 |
| Medjez El Beb | 0.075 | 0.0675 | 0.075 |
| El Herri | 0.09 | 0.07 | 0.09 |

Le calage de la hauteur d'eau au niveau des stations hydrométriques, Slouguia, Medjez El Beb et El Herri pour les différents débits de lâchés de barrage Sidi Salem sont donnés dons le tableau 24.

| Q (m³/s) | H_observée (m) | | | H_calculée (m) | | | Erreur (%) | | |
|---|---|---|---|---|---|---|---|---|---|
| | Slouguia | Medjez Beb | Herri | Slouguia | Medjez beb | Herri | Slouguia | Medjez beb | Herri |
| 60 | 3.24 | 4.28 | 2.75 | 3.26 | 4.28 | 2.84 | 0.6 | 0.0 | 3.3 |
| 80 | 3.70 | 5.31 | 4.60 | 3.74 | 5.32 | 4.32 | 1.1 | 0.2 | 6.1 |
| 100 | 4.19 | 5.55 | 5.00 | 4.15 | 5.61 | 5.20 | 1.0 | 1.1 | 4.0 |
| 120 | 4.80 | 6.25 | 5.39 | 4.70 | 6.11 | 5.25 | 2.1 | 2.2 | 2.6 |
| 140 | 5.20 | 6.57 | 5.77 | 5.10 | 6.43 | 5.21 | 1.9 | 2.1 | 9.7 |
| 160 | 5.50 | 6.80 | 6.00 | 5.32 | 6.63 | 5.87 | -3.3 | 2.5 | 2.2 |
| 180 | 6.10 | 7.15 | 6.19 | 5.96 | 6.96 | 6.40 | 2.3 | 2.7 | 3.4 |
| 200 | 6.49 | 7.45 | 6.38 | 6.18 | 7.13 | 6.66 | 4.8 | 4.3 | 4.4 |
| 220 | 6.76 | 7.60 | 6.53 | 6.30 | 7.20 | 6.86 | 6.8 | 5.3 | 5.1 |
| 240 | 7.15 | 7.83 | 6.69 | 6.90 | 7.47 | 6.90 | 3.5 | 4.6 | 3.1 |
| 260 | 7.30 | 7.96 | 6.86 | 6.95 | 7.50 | 7.12 | 4.8 | 5.8 | 3.8 |

## VI.7 Résultats de la Simulation

### VI.7.1 Détermination de la ligne d'eau pour différente période de retour

Les profils de la ligne d'eau calculés par le logiciel HEC-RAS correspondent à un écoulement permanent graduellement varié. La profondeur d'eau, la section mouillée et le débit varient d'une section à une autre. Les profils de la ligne d'eau pour les crues de périodes de retour 5, 10, 20, 50 et 100 ans sont déterminés dans la figure 24.

En allant de l'aval de barrage Sidi Salem a Medjez El Beb, on constate que la hauteur d'eau croit légèrement. Tandis qu'à El Herri et Laaroussia, la hauteur d'eau décroit progressivement. Ceci est dû à l'existence des trois ponts de Slouguia, Medjez pont route GP5 et surtout pont Andalou, responsables d'une grande perte de charge entre le troncon Medjez El Beb et Slouguia.

Aussi, Le logiciel HEC-RAS peut présenter la ligne d'eau au niveau de chaque section en travers le long de tronçon d'étude ou l'on peut mettre en évidence les zones inondables. Actuellement, le débit 336 m3/s, qui correspond au débit de pointe pour une période de retour 5 ans, provoque des débordements des lits de l'oued au niveau de la ville de Medjez El beb. Donc le débit de plein bord de la Medjerda est inférieur à 336 m³/s.

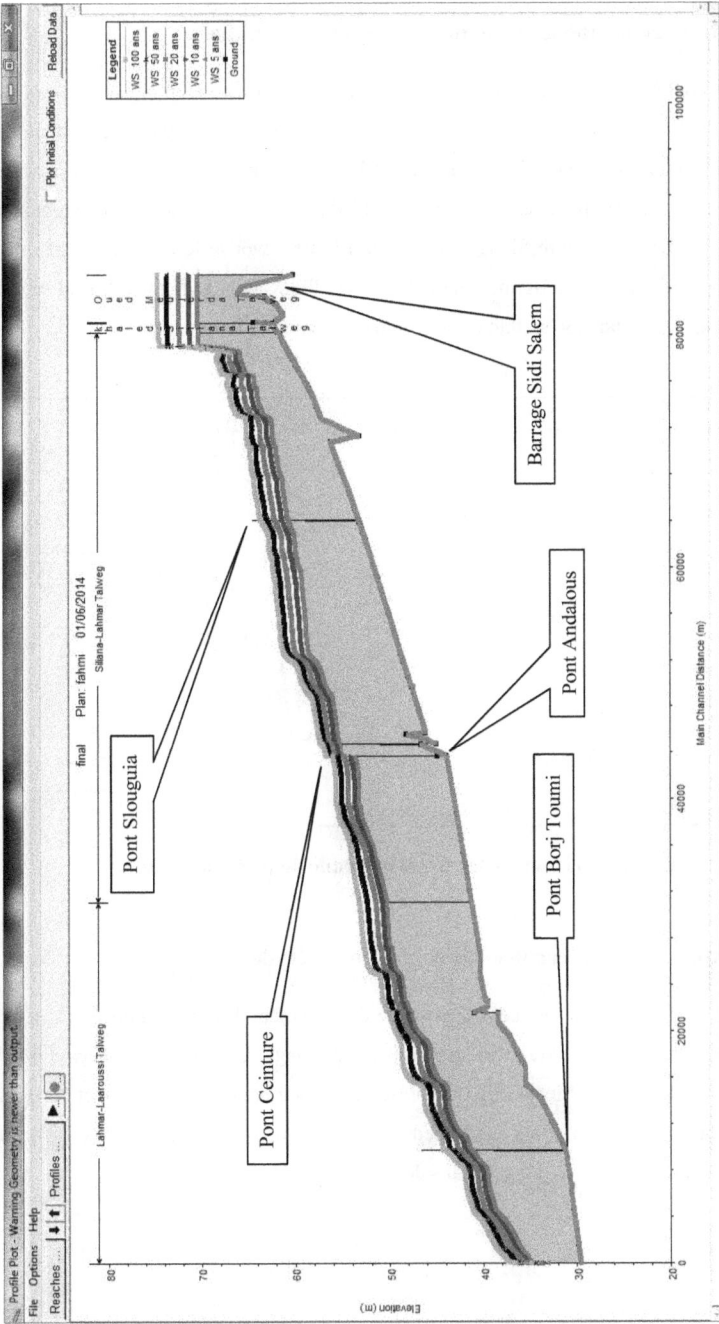

Tableau 25:Profil de la ligne d'eau entre barrage Sidi Salem et barrage Laaroussia

## VI.8 Variation de la vitesse moyenne sur le tronçon d'étude

La figure 28 montre que la vitesse moyenne d'écoulement d'eau croie en allant de l'aval de barrage Sidi Salem jusqu'à la ville de Testour, par contre l'écoulement d'eau diminue progressivement entre la ville de Testour et Medjez El Beb jusqu'à attend une valeur presque nulle, 0.1 m/s, puis il croit relativement de Medjez El Beb jusqu'à Laaroussia. La diminution de la vitesse d'écoulement entre Slouguia et Mejez El Beb favorise le dépôt des particules solide ce qui provoque le rétrécissement de la largeur et l'élévation du fond de l'oued ce qui exacerbé le risque d'inondation surtout dans la ville de Medjez El Beb.

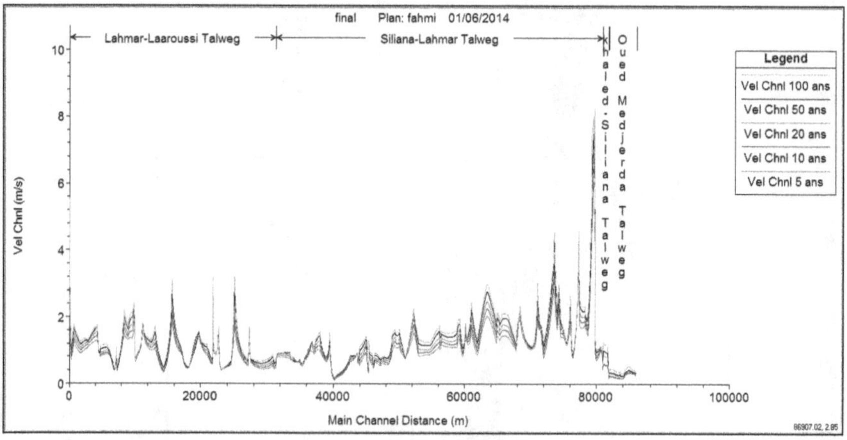

**Figure 28:Variation de la vitesse moyenne de tronçon d'étude**

## VI.9 Variation de flux d'écoulement de tronçon d'étude

D'après la figure 29, on constate que la surface de débordement des lits de l'oued augmente progressivement de l'aval de barrage Sidi Salem jusqu'à Slouguia. La zone de troncon d'oued Medjerda entre Slouguia et Medjez El Beb présente des surfaces de débordement les plus importantes, la présence des ponts sur l'oued ; le pont Andalous…, freinent l'écoulement d'eau ce qui engendre le débordement des lits de l'oued.

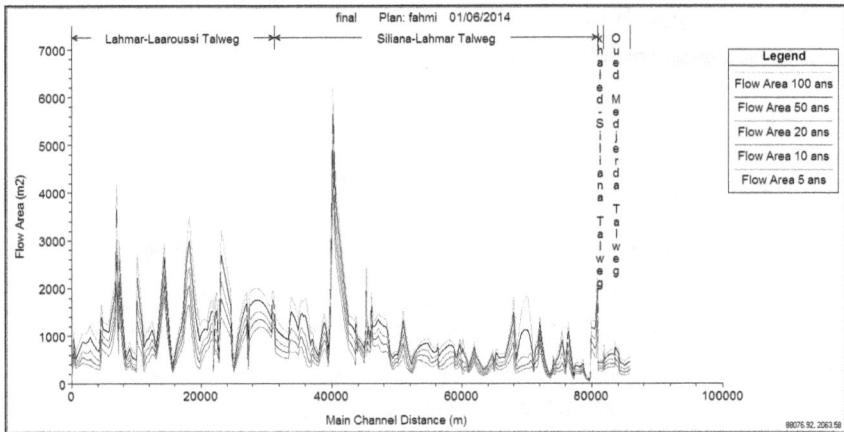

**Figure 29: Variation de flux d'écoulement d'eau entre barrage Sidi Salem et barrage Laaroussia**

## VI.10 Simulation à débits constants le long du tronçon d'étude

### VI.10.1 Introduction

Depuis l'aménagement du barrage de Sidi Salem en 1981, sur le cours moyen de l'oued Medjerda, on assiste à un rétrécissement alarmant du lit dans la basse vallée. Ce rétrécissement, est la conséquence directe du barrage, du fait de la diminution sensible des écoulements les plus forts qui permettaient le curage du lit régulièrement. Des évacuations d'eau très concentrée sont régulièrement effectuées pour limiter l'envasement de la retenue du barrage. Elles sont à l'origine de dépôts de sédiments dans le lit de la rivière dans toute sa basse vallée. D'autres aménagements hydrauliques moins importants exagèrent également la perte de vitesse de l'eau dans cette basse vallée : série de seuils en bétons installés pour faire remonter le niveau de l'eau, gestion du barrage le plus en aval de Laaroussia régulant les débits du canal du Cap Bon, multiplication des ponts de franchissement. Toutes ces raisons associées à des conditions topographiques marquées par une très faible pente générale, et par un profil du cours d'eau très sinueux ont conduit à un colmatage du lit extrêmement rapide. Ce colmatage a été à l'origine d'inondations catastrophiques en 2003. Il est désormais la cause de débordement et d'inondation plus fréquents provoqués par des débits lâchés de moyenne importance comme ceux de 1996, 1997, 2000, 2003 et de 2004. Dans cette partie on va essayer d'estimer le débit de plein bord du tronçon d'oued Medjerda étudié et on va s'intéresser à protéger la ville de Medjez El Beb contre les inondations due aux lâchés des débits fréquents de barrage Sidi Salem.

## VI.10.2 Profil de la ligne d'eau de la Medjerda entre l'aval Sidi Salem et barrage Laaroussia

Certains débits d'évacuation restent probables en cas de décision d'où une étude d'impact de cette décision sur l'aval du barrage qui s'impose, pour délimiter les périmètres inondables à ce débit. Ce qui a été l'objectif d'une série des simulations effectuées à débits de lâchures constants à partir du barrage Sidi Salem. On a réalisé des simulations avec les débits, 60, 80, 100, 120, 140, 160, 180, 200, 220, 240 et 260 m³/s.

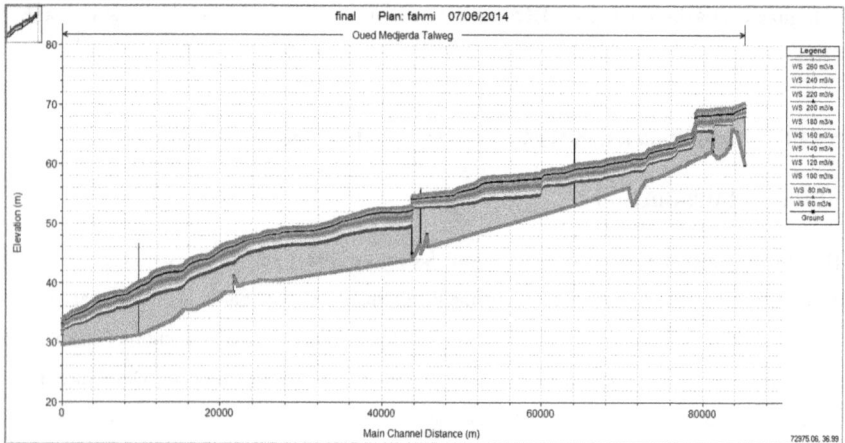

Figure 30:Profil de la ligne d'eau de la Medjerda entre barrage Sidi Salem et barrage Laaroussia

## VI.10.3 Estimation de débit de plein bord

### VI.10.3.1 Définition

Le débit plein bord (bankfull discharge) est le débit caractéristique le plus utilisé. Il correspond au débit que peut supporter le lit mineur d'un cours d'eau avant que celui-ci déborde dans la plaine d'inondation. Il varie d'un cours d'eau à l'autre en fonction des caractéristiques du cours d'eau, de la composition du lit, des caractéristiques du bassin versant et caractéristiques hydroclimatiques. Le débit plein bord est associé au débit dominant (dominant discharge) ou débit effectif (effective discharge) responsable du développement et du maintien des dimensions de la section du cours d'eau.

### VI.10.3.2 Equation de Hey et Thorne (1986)

L'équation de Hey et Thorne, obtenue d'après des résultats statistiques, établie un lien entre la géométrie du cours d'eau et l'hydraulique qui le façonne. Cette formule simple permet de calculer un débit théorique de pleins bords $Q_{pb}$ en fonction d'un paramètre géométrique du cours d'eau (ici la largeur a plein bord $L_{pb}$) :

$$Q_{pb} = \left(\frac{L_{pb}}{2.73}\right)^2$$

Avec :

$Q_{pb}$ = Débit de plein bord en (m3/s)

$L_{pb}$ = Largeur de plein bord en (m)

D'après la partie précédente on a montré que la zone de Medjez El Beb, au niveau de quartier Ben Hassine près de Pont Andalous, présente un risque d'inondation le plus important. D'après des images satellitaires de *Google Earth 2014*, on admet que la largeur de plein bord dans cette zone est 28 m et par conséquence le débit de plein bord est 105 m. La simulation de la ligne d'eau de débit de plein bord au niveau de pont Andalous est présenté dans la figure :

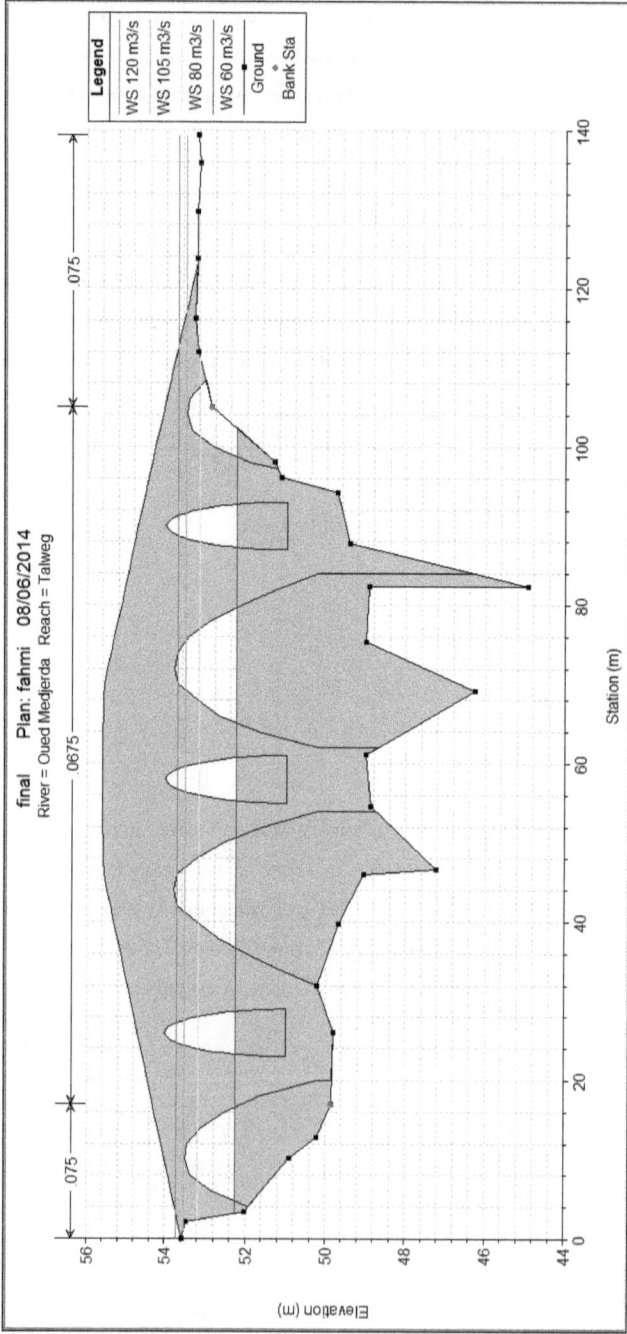

Figure 31:Profil de la ligne d'eau (Pont Andalous)

D'après la figure, on remarque que le débit 105 m3/s provoque des débordements d'eau au niveau de la rive droite par contre le débit 80 m$^3$/s passe sans avoir des submersions alors le débit de plein bord se situe entre 80 m$^3$/s et 105 m$^3$s.

### VI.10.4 Conclusion

Les résultats obtenus de différents simulations à partir du barrage Sidi Salem montrent qu'on commence à observer le débordement à l'aval à partir de débit 94 m$^3$/s, la côte de la rive droite est la plus touchée. En effet, pour le débit 240 m$^3$/s on observe plusieurs sections débordantes. Ces sections se concentrent au niveau de la ville de Medjez el bab exactement au niveau de la zone de pont Andalous. En allant plus à l'aval, le débordement s'observe au niveau de zones des méandres de Matisse. A partir de ces observations, on peut dégager que la submersion de ces zones revient à l'impact du développement de l'habitation anarchique, qui fait rétrécir l'oued, et diminuer la capacité de transit du débit.

### VI.11  Cartographie des zones inondables

### VI.11.1 Introduction

L'inconvénient de présentations des résultats par HEC-RAS est l'impossibilité de connaître les zones inondables. Il est donc nécessaire de cartographier ces résultats en utilisant HEC-GeoRAS. La cartographie des zones inondables permet d'identifier précisément les limites de ces zones sur carte. En effet, en utilisant le MNT haute précision comme base de données topographiques, la délimitation des zones inondables peut être très précise et permet également de renseigner sur la hauteur d'eau en tout point du champs d'inondation , (l'ensemble des zones inondables de la zone), contrairement à ce qu'on peut obtenir en utilisant des relevés de géomètre. Cette différence s'explique par la densité des points de mesures qui permet d'obtenir une très bonne précision de la topographie des lieux et donc des zones inondables.

### VI.11.2  Carte d'inondations des débits de point de période de retour 100 ans

Les résultats obtenus précédemment sont importés dans le logiciel Arcgis pour exporter la zone inondable due au débit de pointe de période de retour 100 ans.

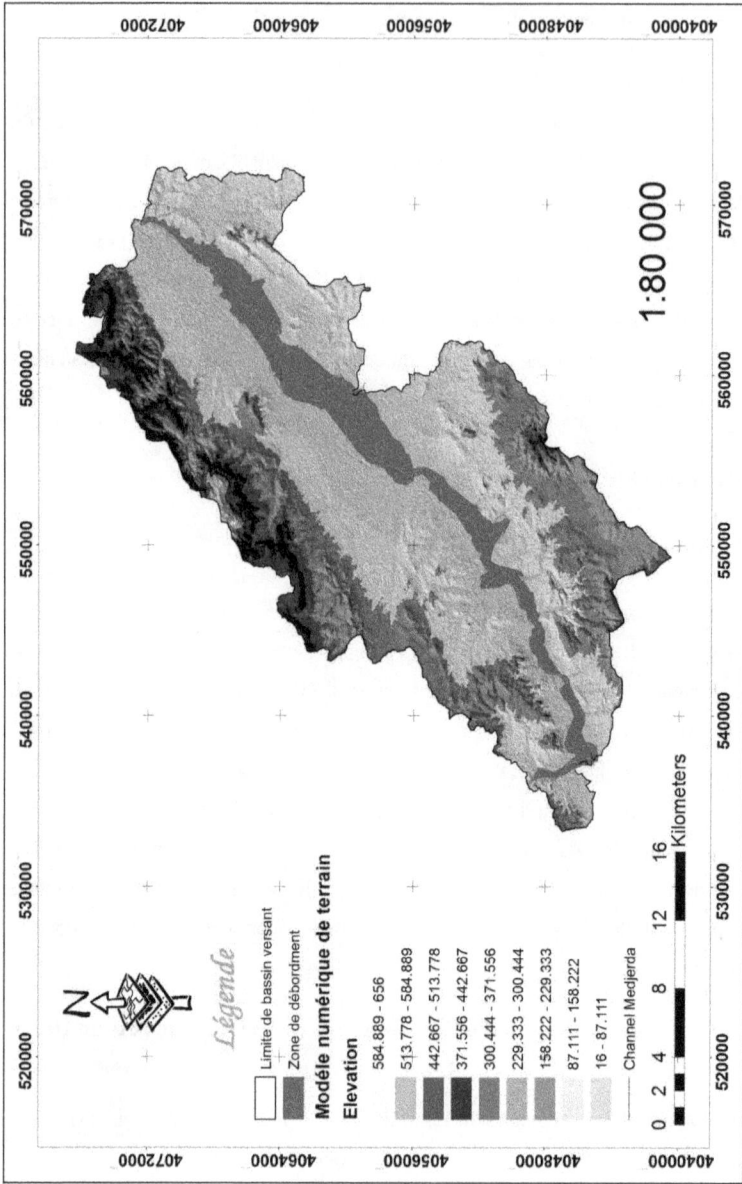

Carte d'inondation pour le débit de retour 100 ans

**Légende**

Limite de bassin versant

Zone de débordment

**Modéle numérique de terrain**

Elevation

584.889 - 656
513.778 - 584.889
442.667 - 513.778
371.556 - 442.667
300.444 - 371.556
229.333 - 300.444
158.222 - 229.333
87.111 - 158.222
16 - 87.111

Channel Medjerda

0  2  4    8    12  16
Kilometers

1:80 000

## VI.12    Scénario d'aménagement de la ville de Medjez El Bab

### VI.12.1    Introduction

La ville de Medjez El Bab est exposée au risque d'inondation car elle est limitrophe au Medjerda, en particulier après la réalisation du barrage de Sidi Salem. La ville de Medjez El Bab est la plus touchée par les lâchés des débits, elle a été inondée à plusieurs reprises. En effet, le pont Andalous, le point le plus bas au niveau de la localité de Medjez fait obstacle à l'écoulement et favorise fortement l'alluvionnement du lit de l'oued. Il est responsable du ralentissement de l'écoulement.

Dans le cadre de protection de la ville de Medjez El Beb, on propose de faire le curage d'oued Medjerda d'une longueur de 2790 m. Le curage permet d'élargir les dimensions de l'oued et par conséquence, le débit de plein bord devient plus important.

### VI.12.2    Les données utilisées

Les données utilisées dans cette partie sont celles usées dans la modélisation hydraulique d'oued Medjerda entre barrage Sidi Salem et barrage Laaroussia.

### VI.12.3    Zone de curage

La zone intéressée par le curage est présenté dans la figure, on a utilisé le logiciel HEC -RAS pour la simulation des résultats de curage

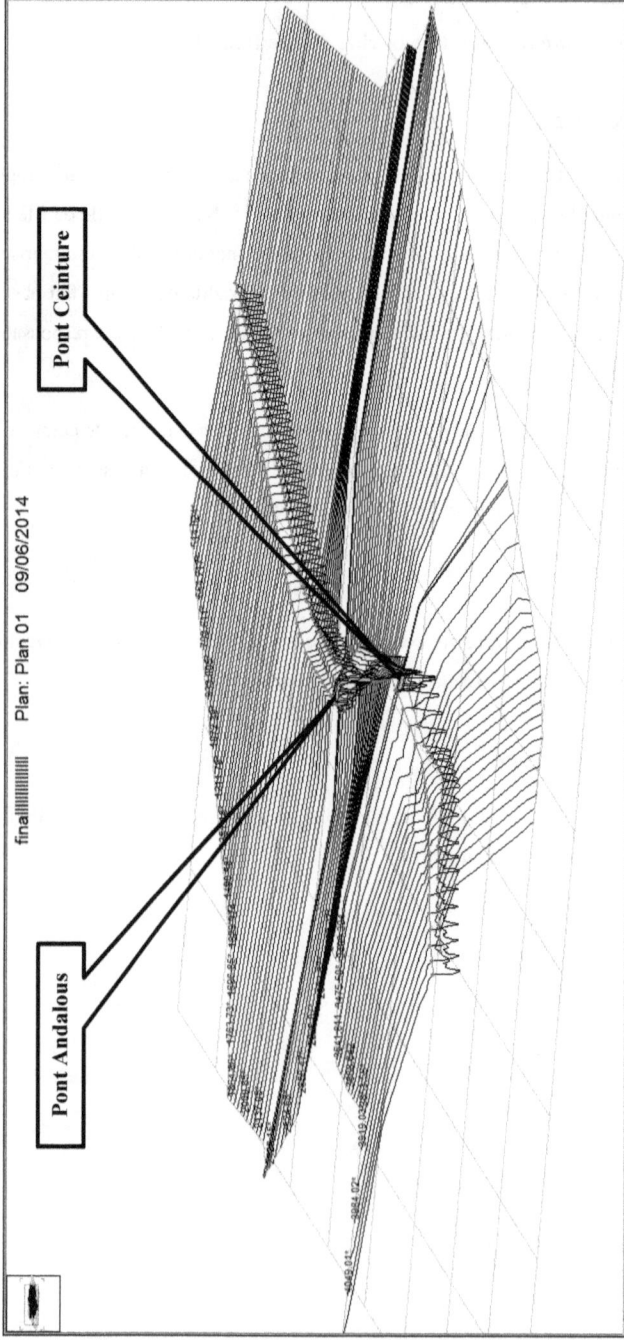

finaⅡⅡⅡⅡⅡⅡⅡⅡ    Plan: Plan 01    09/06/2014

Pont Ceinture

Pont Andalous

**Figure 32: Zone de Curage**

## VI.12.4 Résultats de la simulation hydraulique après le curage

Le curage de tronçon d'oued Medjerda pour un largueur moyen 80 m et une profondeur moyenne 7 m permet d'augmenter dee débit de plein bord pour atteindre 320 m$^3$/s.

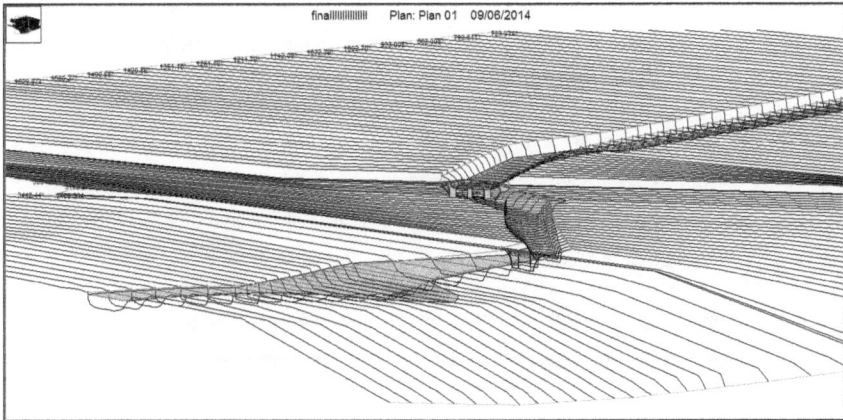

**Figure 33:Résultat de la simulation hydraulique pour un débit de 320 m$^3$/s**

# Conclusion

La présente étude a permis, dans un premier temps de réaliser une modélisation hydrologique par HEC-HMS 4.0, dont le but de prévoir le débit de point, dans chaque confluence avec l'oued Medjerda entre barrage Sidi Salem et barrage Laaroussia, des périodes de retour 5, 10, 20, 50 et 100 ans.

Le calage de Modèle hydrologique n'a pas effectué donc on a utilisé l'ajustement statistique des séries des débits de pointes enregistrés au niveau des stations hydrométriques principales de la moyenne vallée de la Medjerda.

Dans un second temps, nous avons utilisé une modélisation hydraulique unidimensionnelle par le logiciel HEC-RAS dont le but de préciser les zones qui présentent un risque d'inondation.

La simulation hydraulique des différents débits lâchés de barrage Sidi Salem montre que la ville de Medjez El Bab présente un grand risque d'inondation, En effet, la vitesse d'écoulement d'eau s'annule près de pont d'Andalous, qui constitue un obstacle à l'écoulement, ce qui favorise les dépots solides dans l'oued.

Le curage d'oued Medjerda au niveau de Medjez El Bab permet d'augmenter le débit de plein bord, qui est à l'ordre de 94 m$^3$/s, pour aboutir 320 m$^3$/s.

# Référence bibliographique

**Sites Internet :**

[i1]:URL:http://www.notreplanet.info/actualités/actu_163_multiplication_inondations_secher esses.php

[i2]:URL: http://www.prim.net : Site sur la prévention des risques naturelles

[i3]:URL:http://www.developpement-durable.gov.fr/-Gestion-des-risques-d-inondations-html

[i4]:URL:http://www.irma_grenoble.com/04risques/04lrisquesnaturels/crues.htm.Information sur le risque d'inondation.

[i5]: URL: http://www.esri.com


- Ambroise B., 1999. Genèse des débits daans les petits bassins versants ruraux en milieu tempéré, Modélisation systématique et dynamique.
- Bahlous, 2002. Hydraulique cours et exercices, centre de publication universitaire, Tunis.
- Ben Othman A., 2005. Protection contre les inondations de la ville de Sidi Thabet. Projet fin d'étude d'ingénieur Institut National Agronomique de Tunisie, Tunis.
- Boubchir, 2008. Mémoire risques d'inondations et sécheresse.
- Boubchir, 2008. Mémoire risques d'inondations et occupation des sols dans le Thorpe (Région de de Labruguière et de Mazamet).
- Chevalier and Pouyaud., 1996. L'hydrologie Tropical Géoscience et Outil pour le Développement.
- Degoutte G., 2004. Formes naturelles des rivières ripisylve ; évolution des berges.
- Desbordes M., 2006. Principales causes d'aggravation des dommages d'inondations par ruissellement superficiel en milieu urbanisé

- Dutruy S., 2001. Crues catastrophiques- Organiser la prévention et gérer la crise.

- Guiton M., 1998. Ruissellement et risques Majeurs-Phénomènes, exemples et gestion spatiale des crues.

- Hurbert P., 1996. Multifractal analysis and Modeling of rain fall and river flows and scalling, causal transfer function. Journal of Geophysical Research.

- Igoulen R., 1997. L'intégration du risque d'inondation dans le projet de ZAC Thiers-Boisnet à Angers.

- In Urbanisme Face au risque d'inondation. Journée d'information, 15 octobre 1997. Lyon, Edition Graie et communauté urbaine de Lyon et Agence d'Urbanisme de Lyon, Octobre 1997.

- Ipseau, Direnpaca., 2005. Travaux de Cartographie des zones inondables dans les départements des Bouches du Rhone et du VAR.

- Laborde JP., 2000. Elément d'hydrologie de surface

- Ledoux B., 1995. Les catastrophes naturelles en France.

- Masson M, Garr G, Baullais JL., 1996. Cartographie des zones inondables : approches hydrogéomorphologique.

- Michel C., 1989. Hydrologie appliquée aux petits bassins versants ruraux, Ceniagref, Antony.

- Musy et al. 2005. Hydrologie 2, Une science pour l'ingénieur.

- Nascimento, N.O., 1995. Appréciation à l'aide d'un Modèle empirique des effets d'actions anthropiques sur la relation pluie débit à l'échelle du bassin versant. Thèse de Doctorat, CERGRENE/ENPC, Paris.

- Ouesleti A., 1999. Les inondations en Tunisie, Tunis

- Payraudeau S., 2002. Modélisation distribuée des flux d'Azote sur des petits bassins versants méditerranéens. Thèse, Ecole Nationale des Génies Rural des Eaux et Forêts de Montpellier.

- Perrin C., 2000. Vers une amélioration d'un Modèle global pluie-débit au travers d'une approche comparative, Thèse de doctorat, Cemagref. Antony, Institut National Polytechnique de Grenoble.
- Refsgaard JC, Abbott M B., 1996. The role of distributed hydrological modelling in water resources management.
- Scarwell HJ, Larganier R., 2004. Risques d'inondations et Aménagement durable du territoire. Septentrion, Villeneuve.

**Pluie de projet : (Zone de Robaa Ouled Yahia – Bargou-Siliana)**

**Formule Montana et paramètres correspondants**

| T(an) | $a_T$ | b(T) | Equation |
|:---:|:---:|:---:|:---:|
| 2 | 209,6 | 0,620 | $I = 210\, t^{-0,620}$ |
| 5 | 316,2 | 0,654 | $I = 316\, t^{-0,654}$ |
| 10 | 410,1 | 0,676 | $I = 410\, t^{-0,676}$ |
| 20 | 509,0 | 0,693 | $I = 509\, t^{-0,693}$ |
| 50 | 647,0 | 0,711 | $I = 647\, t^{-0,711}$ |
| 100 | 755,5 | 0,722 | $I = 756\, t^{-0,722}$ |

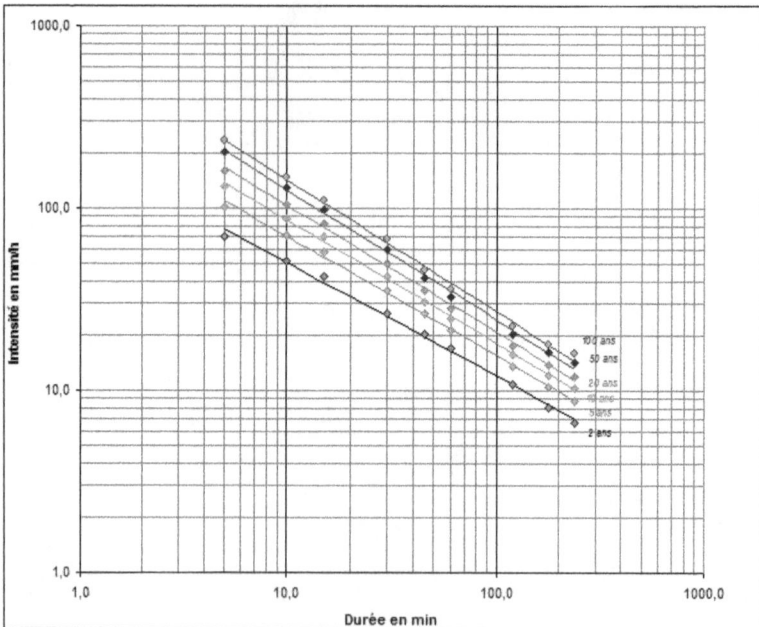

**Courbe IDF Robaa Ouled Yahia**

**Hytogramme de crue pour la période de retour 5 ans :**

| 5 ans Durée (min) | Hauteur cumulée (mm) | Hauteur incrémentée (mm) | Temps (min) | Précipitation (mm) | Intensité (mm/h) |
|---|---|---|---|---|---|
| 15 | 13.45 | 13.45 | 0-15 | 0.78 | 3.10 |
| 30 | 17.10 | 3.65 | 15-30 | 0.85 | 3.39 |
| 45 | 19.67 | 2.57 | 30-45 | 0.94 | 3.77 |
| 60 | 21.73 | 2.06 | 45-60 | 1.07 | 4.27 |
| 75 | 23.47 | 1.74 | 60-75 | 1.25 | **4.99** |
| 90 | 25.00 | 1.53 | 70-90 | 1.53 | 6.11 |
| 105 | 26.37 | 1.37 | 90-105 | 2.06 | 8.24 |
| 120 | 27.62 | 1.25 | 105-120 | 3.65 | 14.58 |
| 135 | 28.77 | 1.15 | 120-135 | 13.45 | 53.80 |
| 150 | 29.84 | 1.07 | 135-150 | 2.57 | 10.30 |
| 165 | 30.84 | 1.00 | 150-165 | 1.74 | 6.98 |
| 180 | 31.78 | 0.94 | 165-180 | 1.37 | 5.48 |
| 195 | 32.67 | 0.89 | 180-195 | 1.15 | 4.60 |
| 210 | 33.52 | 0.85 | 195-210 | 1.00 | 4.00 |
| 225 | 34.33 | 0.81 | 210-225 | 0.89 | 3.57 |
| 240 | 35.10 | 0.78 | 225-240 | 0.81 | 3.24 |

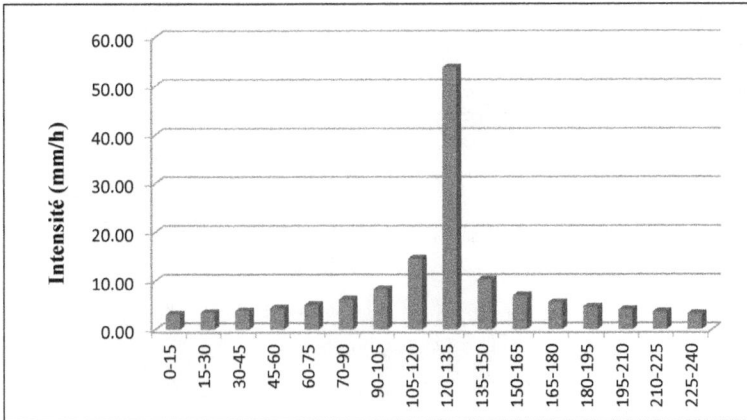

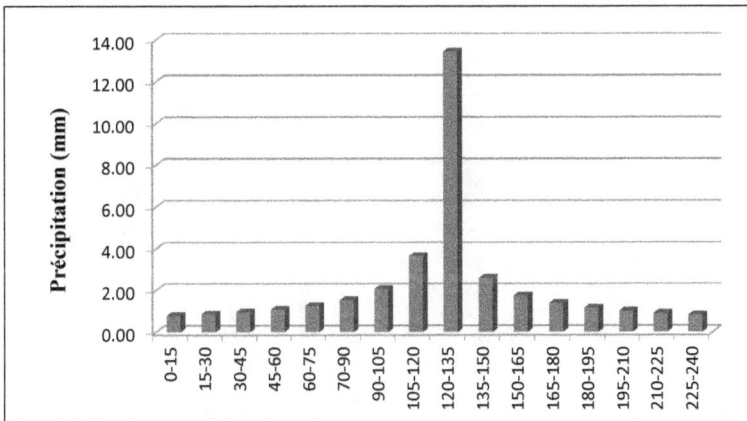

**Hytogramme de crue pour la période de retour 10 ans :**

| 10 ans Durée (min) | Hauteur cumulée (mm) | Hauteur incrémentée (mm) | Temps (min) | Précipitation (mm) | Intensité (mm/h) |
|---|---|---|---|---|---|
| 15 | 16.43 | 16.43 | 0-15 | 0.83 | 3.34 |
| 30 | 20.57 | 4.14 | 15-30 | 0.92 | 3.67 |
| 45 | 23.46 | 2.89 | 30-45 | 1.02 | 4.09 |
| 60 | 25.75 | 2.29 | 45-60 | 1.16 | 4.65 |
| 75 | 27.68 | 1.93 | 60-75 | 1.36 | **5.46** |
| 90 | 29.36 | 1.68 | 70-90 | 1.68 | 6.74 |
| 105 | 30.87 | 1.50 | 90-105 | 2.29 | 9.17 |
| 120 | 32.23 | 1.36 | 105-120 | 4.14 | 16.55 |
| 135 | 33.49 | 1.25 | 120-135 | 16.43 | 65.73 |
| 150 | 34.65 | 1.16 | 135-150 | 2.89 | 11.55 |
| 165 | 35.74 | 1.09 | 150-165 | 1.93 | 7.72 |
| 180 | 36.76 | 1.02 | 165-180 | 1.50 | 6.02 |
| 195 | 37.72 | 0.97 | 180-195 | 1.25 | 5.02 |
| 210 | 38.64 | 0.92 | 195-210 | 1.09 | 4.35 |
| 225 | 39.51 | 0.87 | 210-225 | 0.97 | 3.86 |
| 240 | 40.35 | 0.83 | 225-240 | 0.87 | 3.49 |

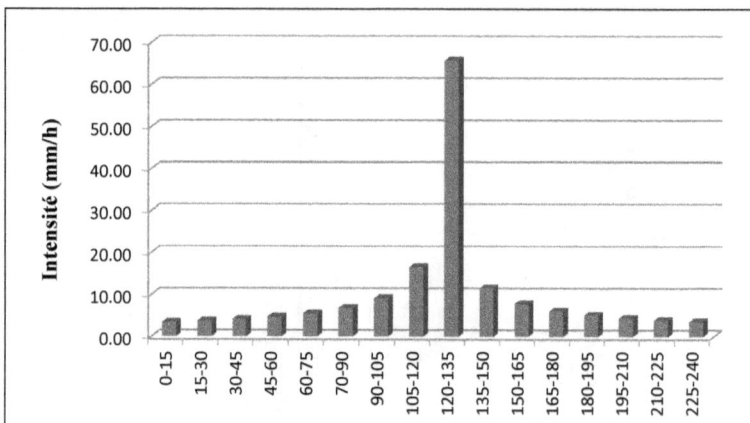

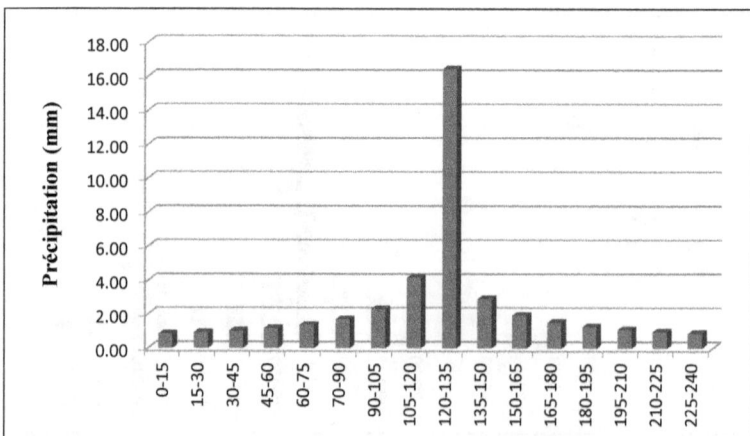

**Hytogramme de crue pour la période de retour 20 ans :**

| 20 ans | | | | | |
|---|---|---|---|---|---|
| Durée (min) | Hauteur cumulée (mm) | Hauteur incrémentée (mm) | Temps (min) | Précipitation (mm) | Intensité (mm/h) |
| 15 | 19.48 | 19.48 | 0-15 | 0.90 | 3.58 |
| 30 | 24.10 | 4.62 | 15-30 | 0.99 | 3.94 |
| 45 | 27.30 | 3.19 | 30-45 | 1.10 | 4.40 |
| 60 | 29.82 | 2.52 | 45-60 | 1.26 | 5.03 |
| 75 | 31.93 | 2.11 | 60-75 | 1.48 | **5.93** |
| 90 | 33.77 | 1.84 | 70-90 | 1.84 | 7.35 |
| 105 | 35.41 | 1.64 | 90-105 | 2.52 | 10.08 |
| 120 | 36.89 | 1.48 | 105-120 | 4.62 | 18.48 |
| 135 | 38.25 | 1.36 | 120-135 | 19.48 | 77.93 |
| 150 | 39.50 | 1.26 | 135-150 | 3.19 | 12.78 |
| 165 | 40.68 | 1.17 | 150-165 | 2.11 | 8.46 |
| 180 | 41.78 | 1.10 | 165-180 | 1.64 | 6.55 |
| 195 | 42.82 | 1.04 | 180-195 | 1.36 | 5.43 |
| 210 | 43.80 | 0.99 | 195-210 | 1.17 | 4.69 |
| 225 | 44.74 | 0.94 | 210-225 | 1.04 | 4.16 |
| 240 | 45.63 | 0.90 | 225-240 | 0.94 | 3.75 |

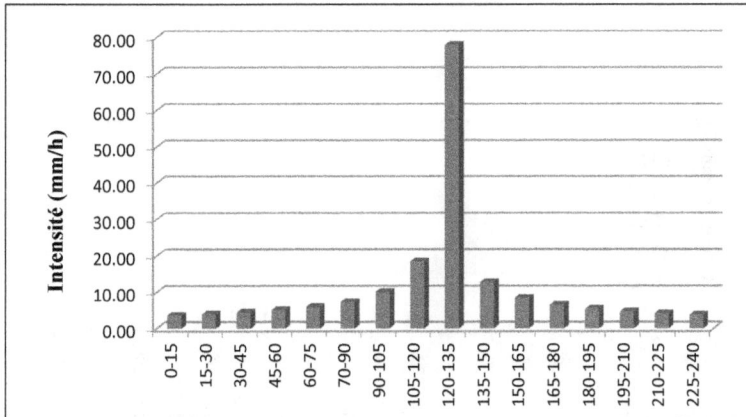

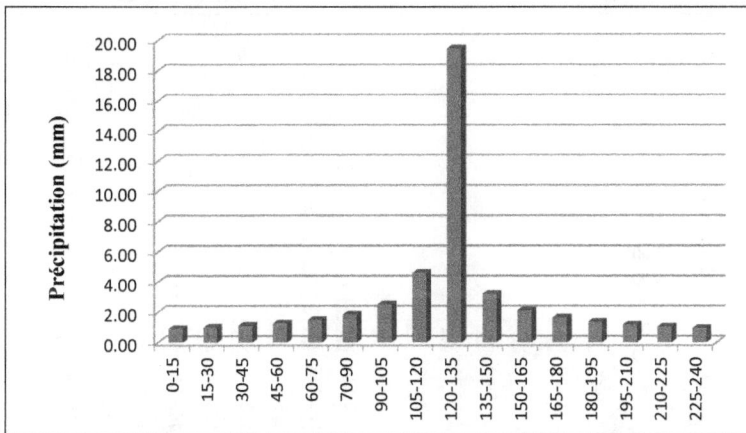

**Hytogramme de crue pour la période de retour 50 ans :**

| 50 ans | | | | | |
|---|---|---|---|---|---|
| Durée (min) | Hauteur cumulée (mm) | Hauteur incrémentée (mm) | Temps (min) | Précipitation (mm) | Intensité (mm/h) |
| 15 | 23.59 | 23.59 | 0-15 | 0.97 | 3.88 |
| 30 | 28.82 | 5.23 | 15-30 | 1.07 | 4.29 |
| 45 | 32.40 | 3.58 | 30-45 | 1.20 | 4.80 |
| 60 | 35.21 | 2.81 | 45-60 | 1.38 | 5.50 |
| 75 | 37.55 | 2.35 | 60-75 | 1.63 | **6.51** |
| 90 | 39.58 | 2.03 | 70-90 | 2.03 | 8.13 |
| 105 | 41.39 | 1.80 | 90-105 | 2.81 | 11.24 |
| 120 | 43.02 | 1.63 | 105-120 | 5.23 | 20.92 |
| 135 | 44.51 | 1.49 | 120-135 | 23.59 | 94.34 |
| 150 | 45.88 | 1.38 | 135-150 | 3.58 | 14.33 |
| 165 | 47.16 | 1.28 | 150-165 | 2.35 | 9.38 |
| 180 | 48.36 | 1.20 | 165-180 | 1.80 | 7.21 |
| 195 | 49.50 | 1.13 | 180-195 | 1.49 | 5.96 |
| 210 | 50.57 | 1.07 | 195-210 | 1.28 | 5.13 |
| 225 | 51.59 | 1.02 | 210-225 | 1.13 | 4.53 |
| 240 | 52.56 | 0.97 | 225-240 | 1.02 | 4.07 |

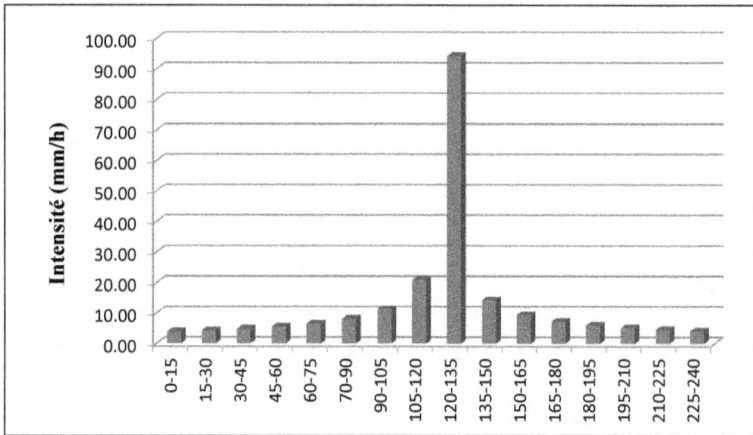

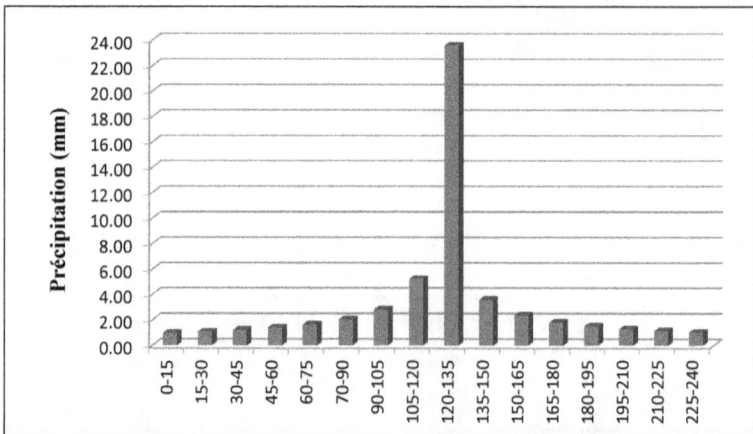

**Hytogramme de crue pour la période de retour 100 ans :**

| 100 ans Durée (min) | Hauteur cumulée (mm) | Hauteur incrémentée (mm) | Temps (min) | Précipitation (mm) | Intensité (mm/h) |
|---|---|---|---|---|---|
| 15 | 26.73 | 26.73 | 0-15 | 1.03 | 4.11 |
| 30 | 32.41 | 5.68 | 15-30 | 1.14 | 4.54 |
| 45 | 36.28 | 3.87 | 30-45 | 1.27 | 5.10 |
| 60 | 39.30 | 3.02 | 45-60 | 1.46 | 5.85 |
| 75 | 41.82 | 2.52 | 60-75 | 1.74 | **6.95** |
| 90 | 43.99 | 2.17 | 70-90 | 2.17 | 8.70 |
| 105 | 45.92 | 1.93 | 90-105 | 3.02 | 12.08 |
| 120 | 47.65 | 1.74 | 105-120 | 5.68 | 22.72 |
| 135 | 49.24 | 1.59 | 120-135 | 26.73 | 106.93 |
| 150 | 50.70 | 1.46 | 135-150 | 3.87 | 15.47 |
| 165 | 52.06 | 1.36 | 150-165 | 2.52 | 10.06 |
| 180 | 53.34 | 1.27 | 165-180 | 1.93 | 7.70 |
| 195 | 54.54 | 1.20 | 180-195 | 1.59 | 6.34 |
| 210 | 55.67 | 1.14 | 195-210 | 1.36 | 5.45 |
| 225 | 56.75 | 1.08 | 210-225 | 1.20 | 4.80 |
| 240 | 57.78 | 1.03 | 225-240 | 1.08 | 4.31 |

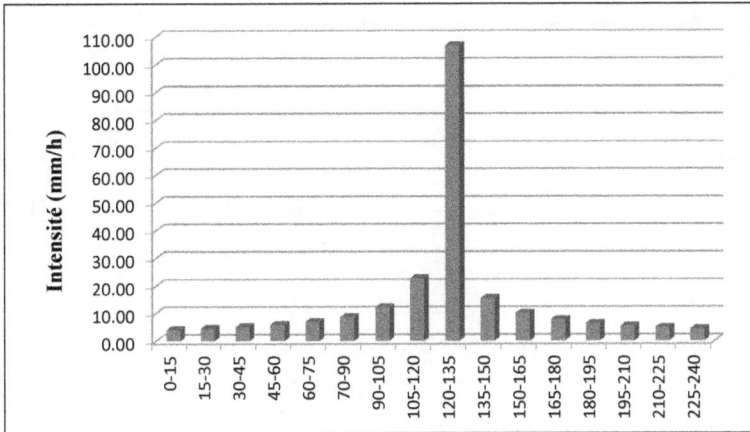

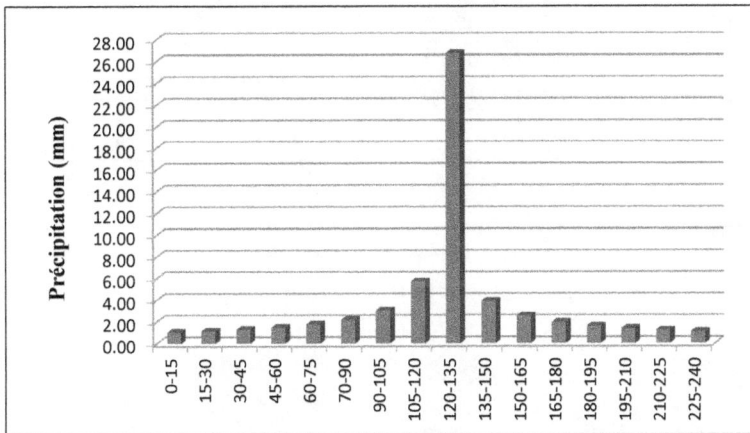

**Pluie de projet : (Slouguia– Béja)**

**Formule Montana et paramètres correspondants**

| T(an) | $a_T$ | b(T) | Equation |
|:---:|:---:|:---:|:---:|
| 2 | 275,1 | 0,695 | $I = 275\ t^{-0,695}$ |
| 5 | 343,8 | 0,690 | $I = 344\ t^{-0,690}$ |
| 10 | 387,7 | 0,682 | $I = 388\ t^{-0,682}$ |
| 20 | 427,6 | 0,673 | $I = 428\ t^{-0,673}$ |
| 50 | 479,7 | 0,663 | $I = 480\ t^{-0,663}$ |
| 100 | 519,8 | 0,657 | $I = 520\ t^{-0,657}$ |

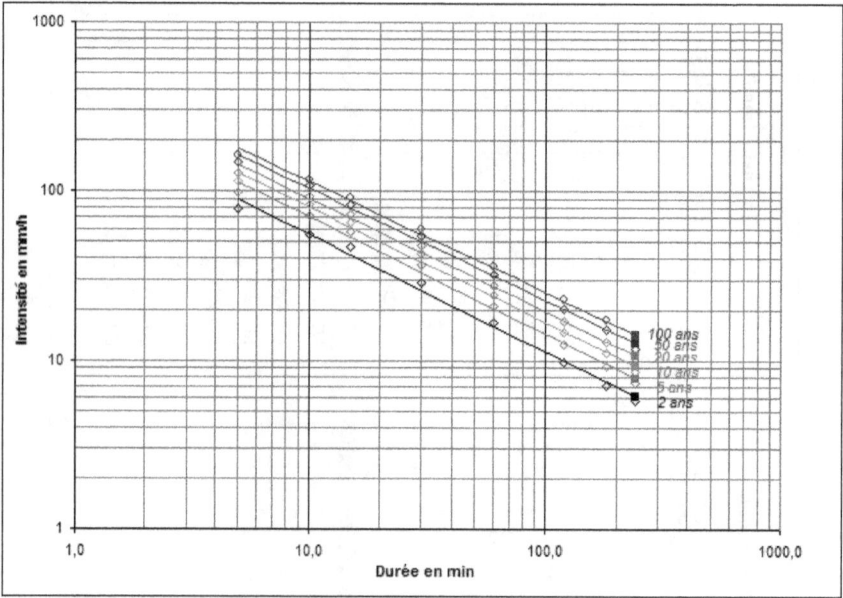

**Courbe IDF Slouguia**

## Hytogramme de crue pour la période de retour 5 ans :

| 5 ans | | | | | |
|---|---|---|---|---|---|
| Durée (min) | Hauteur cumulée (mm) | Hauteur incrémentée (mm) | Temps (min) | Précipitation (mm) | Intensité (mm/h) |
| 15 | 13.27 | 13.27 | 0-15 | 0.62 | 2.48 |
| 30 | 16.45 | 3.18 | 15-30 | 0.68 | 2.73 |
| 45 | 18.65 | 2.20 | 30-45 | 0.76 | 3.05 |
| 60 | 20.38 | 1.74 | 45-60 | 0.87 | 3.48 |
| 75 | 21.84 | 1.46 | 60-75 | 1.04 | **4.15** |
| 90 | 23.12 | 1.28 | 70-90 | 1.28 | 5.11 |
| 105 | 24.24 | 1.12 | 90-105 | 1.74 | 6.94 |
| 120 | 25.28 | 1.04 | 105-120 | 3.18 | 12.72 |
| 135 | 26.22 | 0.94 | 120-135 | 13.27 | 53.06 |
| 150 | 27.09 | 0.87 | 135-150 | 2.20 | 8.80 |
| 165 | 27.90 | 0.81 | 150-165 | 1.46 | 5.83 |
| 180 | 28.66 | 0.76 | 165-180 | 1.12 | 4.49 |
| 195 | 29.38 | 0.72 | 180-195 | 0.94 | 3.76 |
| 210 | 30.06 | 0.68 | 195-210 | 0.81 | 3.25 |
| 225 | 30.71 | 0.65 | 210-225 | 0.72 | 2.88 |
| 240 | 31.33 | 0.62 | 225-240 | 0.65 | 2.60 |

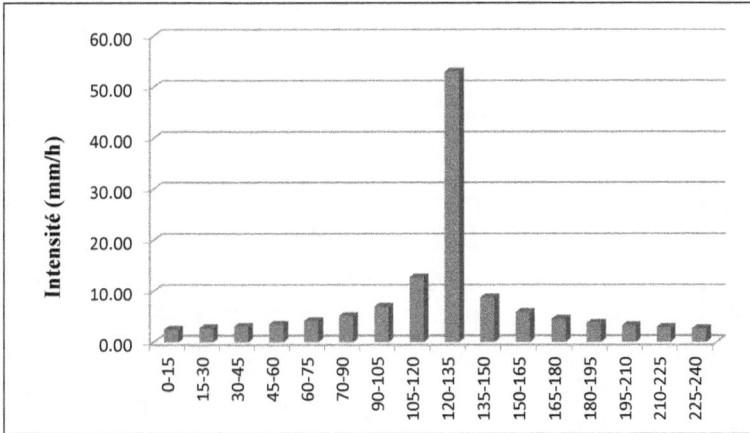

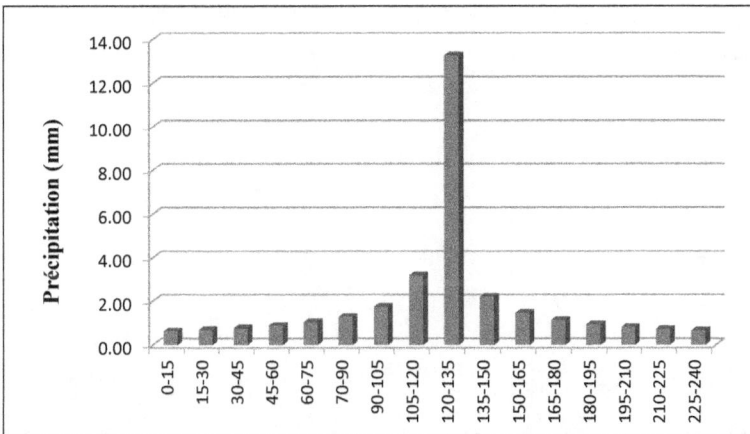

**Hytogramme de crue pour la période de retour 10 ans :**

| 10 ans | | | | | |
|---|---|---|---|---|---|
| Durée (min) | Hauteur cumulée (mm) | Hauteur incrémentée (mm) | Temps (min) | Précipitation (mm) | Intensité (mm/h) |
| 15 | 15.29 | 15.29 | 0-15 | 0.75 | 3.00 |
| 30 | 19.06 | 3.77 | 15-30 | 0.82 | 3.30 |
| 45 | 21.68 | 2.63 | 30-45 | 0.92 | 3.68 |
| 60 | 23.76 | 2.08 | 45-60 | 1.05 | 4.19 |
| 75 | 25.50 | 1.75 | 60-75 | 1.23 | **4.93** |
| 90 | 27.03 | 1.52 | 70-90 | 1.52 | 6.09 |
| 105 | 28.38 | 1.36 | 90-105 | 2.08 | 8.31 |
| 120 | 29.62 | 1.23 | 105-120 | 3.77 | 15.07 |
| 135 | 30.75 | 1.13 | 120-135 | 15.29 | 61.15 |
| 150 | 31.79 | 1.05 | 135-150 | 2.63 | 10.50 |
| 165 | 32.77 | 0.98 | 150-165 | 1.75 | 6.99 |
| 180 | 33.69 | 0.92 | 165-180 | 1.36 | 5.43 |
| 195 | 34.56 | 0.87 | 180-195 | 1.13 | 4.52 |
| 210 | 35.38 | 0.82 | 195-210 | 0.98 | 3.91 |
| 225 | 36.17 | 0.78 | 210-225 | 0.87 | 3.47 |
| 240 | 36.92 | 0.75 | 225-240 | 0.78 | 3.14 |

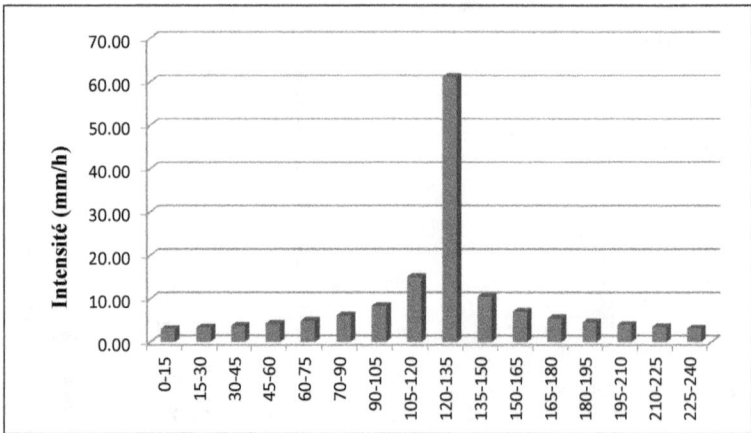

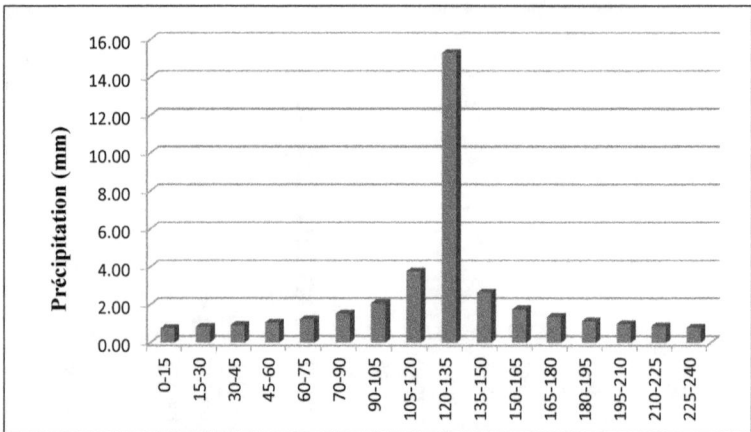

**Hytogramme de crue pour la période de retour 20 ans :**

| Durée (min) | Hauteur cumulée (mm) | Hauteur incrémentée (mm) | Temps (min) | Précipitation (mm) | Intensité (mm/h) |
|---|---|---|---|---|---|
| 15 | 17.28 | 17.28 | 0-15 | 0.89 | 3.57 |
| 30 | 21.67 | 4.40 | 15-30 | 0.98 | 3.92 |
| 45 | 24.74 | 3.07 | 30-45 | 1.09 | 4.37 |
| 60 | 27.19 | 2.44 | 45-60 | 1.24 | 4.97 |
| 75 | 29.24 | 2.06 | 60-75 | 1.46 | 5.83 |
| 90 | 31.04 | 1.80 | 70-90 | 1.80 | 7.19 |
| 105 | 32.64 | 1.60 | 90-105 | 2.44 | 9.76 |
| 120 | 34.10 | 1.46 | 105-120 | 4.40 | 17.58 |
| 135 | 35.44 | 1.34 | 120-135 | 17.28 | 69.11 |
| 150 | 36.68 | 1.24 | 135-150 | 3.07 | 12.29 |
| 165 | 37.84 | 1.16 | 150-165 | 2.06 | 8.23 |
| 180 | 38.94 | 1.09 | 165-180 | 1.60 | 6.42 |
| 195 | 39.97 | 1.03 | 180-195 | 1.34 | 5.36 |
| 210 | 40.95 | 0.98 | 195-210 | 1.16 | 4.65 |
| 225 | 41.88 | 0.93 | 210-225 | 1.03 | 4.13 |
| 240 | 42.78 | 0.89 | 225-240 | 0.93 | 3.74 |

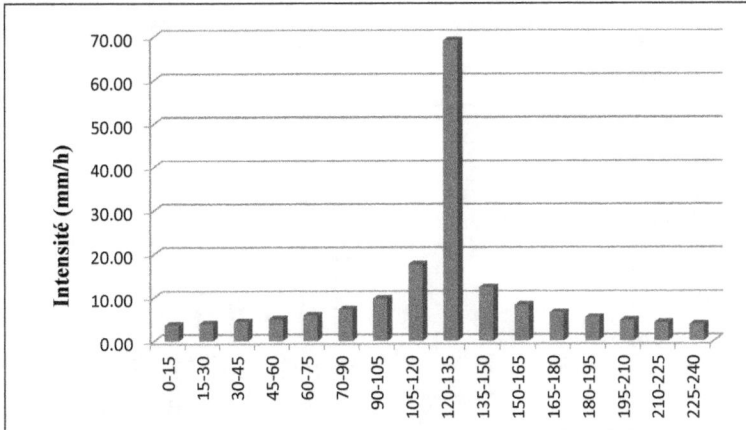

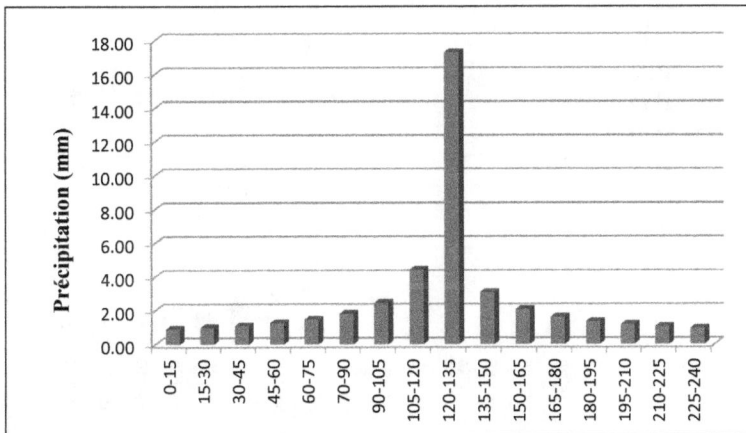

**Hytogramme de crue pour la période de retour 50 ans :**

| 50 ans Durée (min) | Hauteur cumulée (mm) | Hauteur incrémentée (mm) | Temps (min) | Précipitation (mm) | Intensité (mm/h) |
|---|---|---|---|---|---|
| 15 | 19.91 | 19.91 | 0-15 | 1.09 | 4.36 |
| 30 | 25.15 | 5.24 | 15-30 | 1.20 | 4.78 |
| 45 | 28.84 | 3.68 | 30-45 | 1.33 | 5.32 |
| 60 | 31.77 | 2.94 | 45-60 | 1.51 | 6.04 |
| 75 | 34.25 | 2.48 | 60-75 | 1.77 | **7.06** |
| 90 | 36.42 | 2.17 | 70-90 | 2.17 | 8.68 |
| 105 | 38.37 | 1.94 | 90-105 | 2.94 | 11.74 |
| 120 | 40.13 | 1.77 | 105-120 | 5.24 | 20.96 |
| 135 | 41.76 | 1.63 | 120-135 | 19.91 | 79.66 |
| 150 | 43.27 | 1.51 | 135-150 | 3.68 | 14.73 |
| 165 | 44.68 | 1.41 | 150-165 | 2.48 | 9.93 |
| 180 | 46.01 | 1.33 | 165-180 | 1.94 | 7.77 |
| 195 | 47.27 | 1.26 | 180-195 | 1.63 | 6.50 |
| 210 | 48.46 | 1.20 | 195-210 | 1.41 | 5.65 |
| 225 | 49.60 | 1.14 | 210-225 | 1.26 | 5.03 |
| 240 | 50.69 | 1.09 | 225-240 | 1.14 | 4.56 |

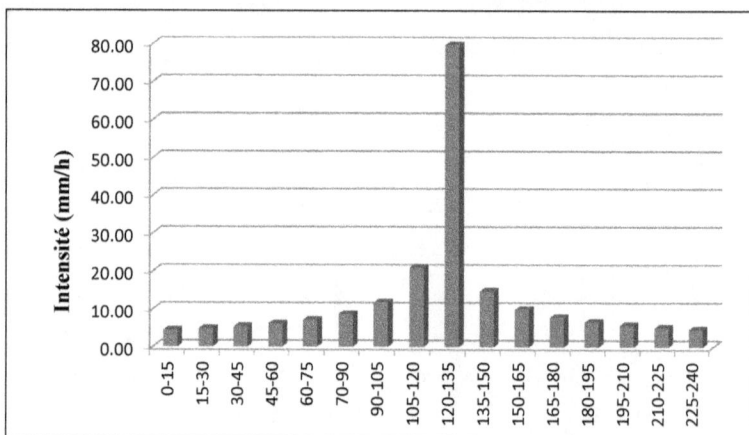

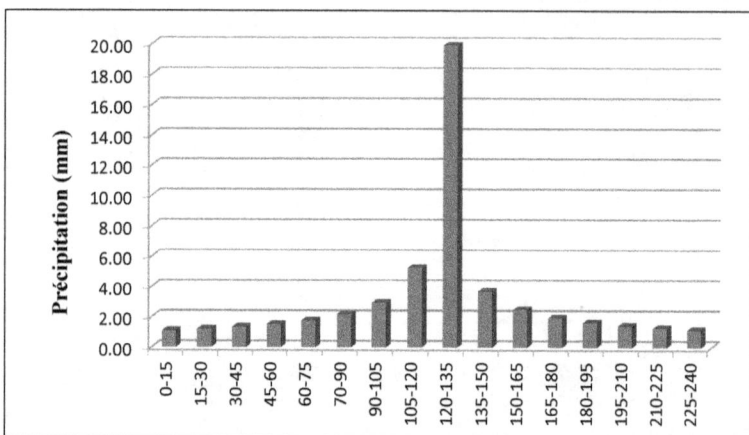

**Hytogramme de crue pour la période de retour 100 ans :**

| 100 ans | | | | | |
|---|---|---|---|---|---|
| Durée (min) | Hauteur cumulée (mm) | Hauteur incrémentée (mm) | Temps (min) | Précipitation (mm) | Intensité (mm/h) |
| 15 | 21.93 | 21.93 | 0-15 | 1.24 | 4.97 |
| 30 | 27.81 | 5.89 | 15-30 | 1.36 | 5.44 |
| 45 | 31.96 | 4.15 | 30-45 | 1.51 | 6.05 |
| 60 | 35.28 | 3.31 | 45-60 | 1.71 | 6.86 |
| 75 | 38.08 | 2.81 | 60-75 | 2.00 | **8.01** |
| 90 | 40.54 | 2.46 | 70-90 | 2.46 | 9.83 |
| 105 | 42.74 | 2.20 | 90-105 | 3.31 | 13.26 |
| 120 | 44.75 | 2.00 | 105-120 | 5.89 | 23.54 |
| 135 | 46.59 | 1.84 | 120-135 | 21.93 | 87.71 |
| 150 | 48.31 | 1.71 | 135-150 | 4.15 | 16.60 |
| 165 | 49.91 | 1.61 | 150-165 | 2.81 | 11.22 |
| 180 | 51.42 | 1.51 | 165-180 | 2.20 | 8.81 |
| 195 | 52.85 | 1.43 | 180-195 | 1.84 | 7.38 |
| 210 | 54.22 | 1.36 | 195-210 | 1.61 | 6.42 |
| 225 | 55.51 | 1.30 | 210-225 | 1.43 | 5.73 |
| 240 | 56.76 | 1.24 | 225-240 | 1.30 | 5.19 |

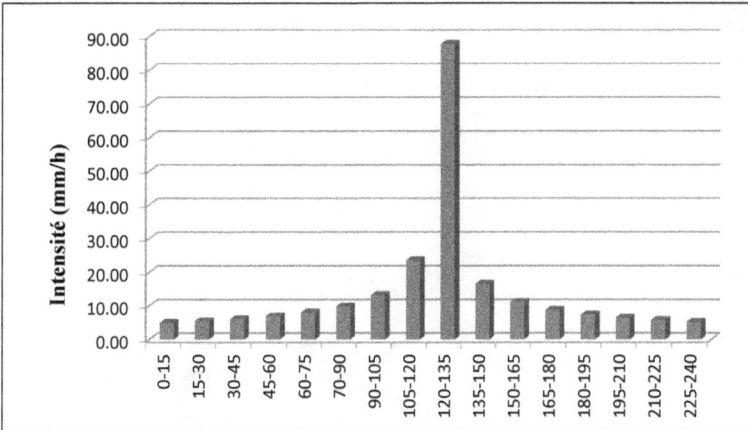

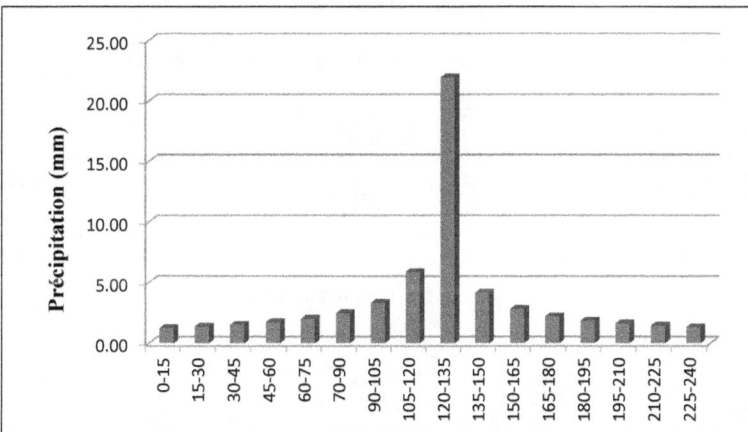

**Pluie de projet : (Tubourbo Majus-Fahs-Zaghouan)**

## Formule Montana et paramètres correspondants

| T(an) | $a_T$ | b(T) | Equation |
|-------|-------|------|----------|
| 2 | 239,8 | 0,602 | $I = 240\, t^{-0,602}$ |
| 5 | 299,2 | 0,596 | $I = 299\, t^{-0,596}$ |
| 10 | 346,4 | 0,595 | $I = 346\, t^{-0,595}$ |
| 20 | 393,7 | 0,594 | $I = 394\, t^{-0,594}$ |
| 50 | 455,9 | 0,592 | $I = 456\, t^{-0,592}$ |
| 100 | 502,6 | 0,590 | $I = 503\, t^{-0,590}$ |

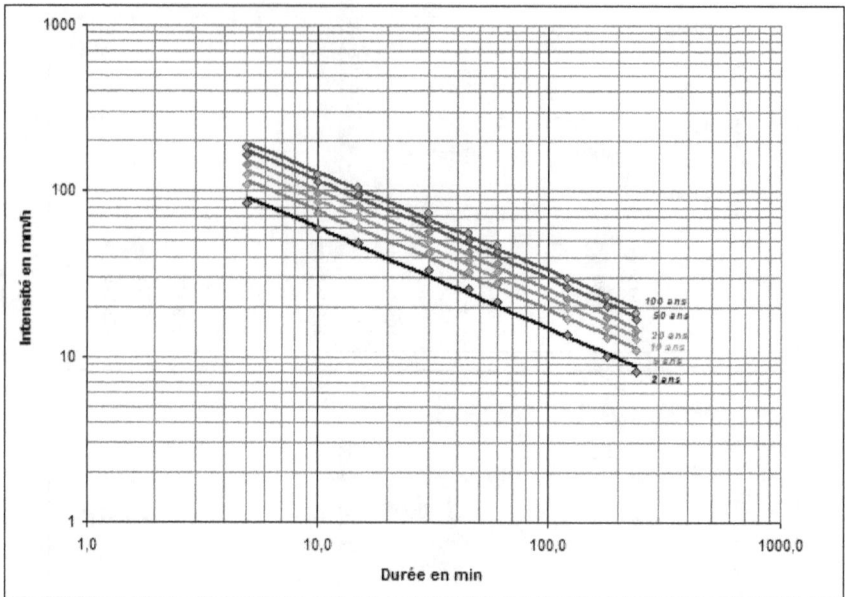

**Courbe IDF Tubourbo Majus**

**Hytogramme de crue pour la période de retour 5 ans :**

| Durée (min) | Hauteur cumulée (mm) | Hauteur incrémentée (mm) | Temps (min) | Précipitation (mm) | Intensité (mm/h) |
|---|---|---|---|---|---|
| 15 | 14.88 | 14.88 | 0-15 | 1.17 | 4.70 |
| 30 | 19.69 | 4.81 | 15-30 | 1.27 | 5.10 |
| 45 | 23.20 | 3.50 | 30-45 | 1.40 | 5.61 |
| 60 | 26.06 | 2.86 | 45-60 | 1.57 | 6.29 |
| 75 | 28.51 | 2.46 | 60-75 | 1.81 | **7.24** |
| 90 | 30.69 | 2.18 | 70-90 | 2.18 | 8.72 |
| 105 | 32.66 | 1.97 | 90-105 | 2.86 | 11.44 |
| 120 | 34.48 | 1.81 | 105-120 | 4.81 | 19.24 |
| 135 | 36.16 | 1.68 | 120-135 | 14.88 | 59.53 |
| 150 | 37.73 | 1.57 | 135-150 | 3.50 | 14.02 |
| 165 | 39.21 | 1.48 | 150-165 | 2.46 | 9.83 |
| 180 | 40.61 | 1.40 | 165-180 | 1.97 | 7.89 |
| 195 | 41.95 | 1.33 | 180-195 | 1.68 | 6.72 |
| 210 | 43.22 | 1.27 | 195-210 | 1.48 | 5.92 |
| 225 | 44.44 | 1.22 | 210-225 | 1.33 | 5.34 |
| 240 | 45.62 | 1.17 | 225-240 | 1.22 | 4.89 |

5 ans

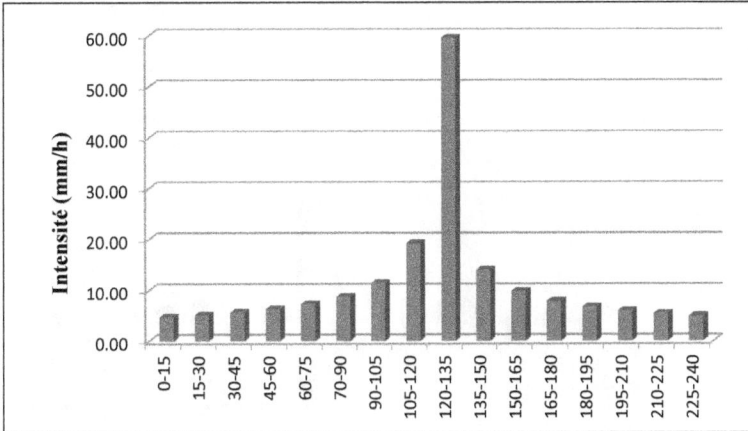

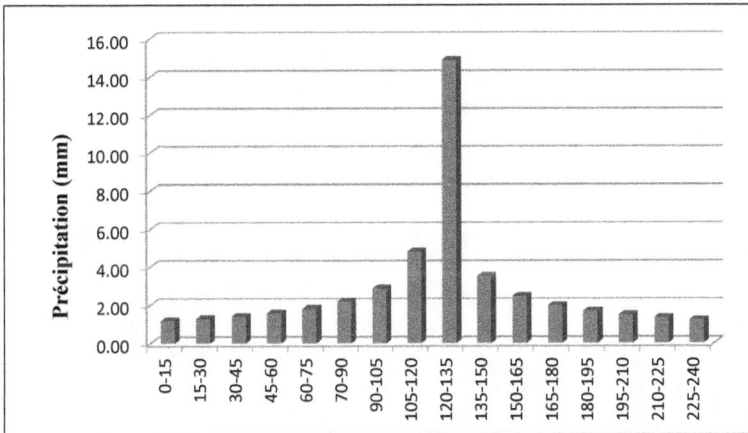

**Hytogramme de crue pour la période de retour 10 ans :**

| 10 ans Durée (min) | Hauteur cumulée (mm) | Hauteur incrémentée (mm) | Temps (min) | Précipitation (mm) | Intensité (mm/h) |
|---|---|---|---|---|---|
| 15 | 14.88 | 14.88 | 0-15 | 1.17 | 4.70 |
| 30 | 19.69 | 4.81 | 15-30 | 1.27 | 5.10 |
| 45 | 23.20 | 3.50 | 30-45 | 1.40 | 5.61 |
| 60 | 26.06 | 2.86 | 45-60 | 1.57 | 6.29 |
| 75 | 28.51 | 2.46 | 60-75 | 1.81 | **7.24** |
| 90 | 30.69 | 2.18 | 70-90 | 2.18 | 8.72 |
| 105 | 32.66 | 1.97 | 90-105 | 2.86 | 11.44 |
| 120 | 34.48 | 1.81 | 105-120 | 4.81 | 19.24 |
| 135 | 36.16 | 1.68 | 120-135 | 14.88 | 59.53 |
| 150 | 37.73 | 1.57 | 135-150 | 3.50 | 14.02 |
| 165 | 39.21 | 1.48 | 150-165 | 2.46 | 9.83 |
| 180 | 40.61 | 1.40 | 165-180 | 1.97 | 7.89 |
| 195 | 41.95 | 1.33 | 180-195 | 1.68 | 6.72 |
| 210 | 43.22 | 1.27 | 195-210 | 1.48 | 5.92 |
| 225 | 44.44 | 1.22 | 210-225 | 1.33 | 5.34 |
| 240 | 45.62 | 1.17 | 225-240 | 1.22 | 4.89 |

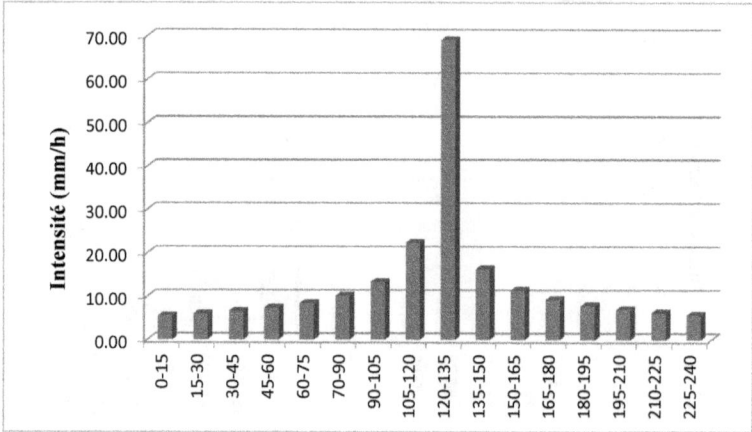

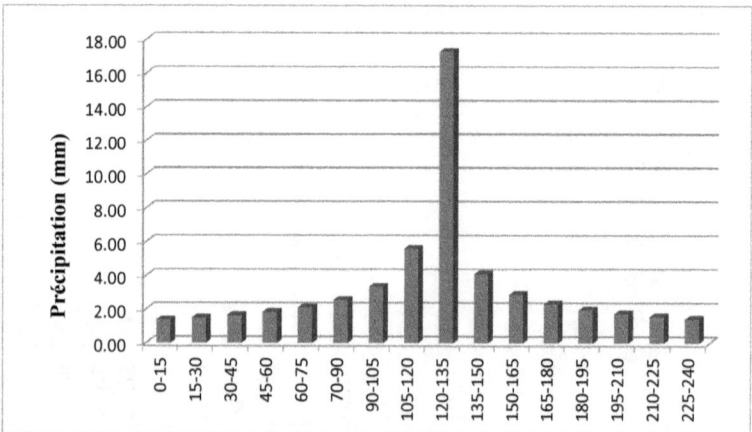

**Hytogramme de crue pour la période de retour 20 ans :**

| 20 ans | | | | | |
|---|---|---|---|---|---|
| Durée (min) | Hauteur cumulée (mm) | Hauteur incrémentée (mm) | Temps (min) | Précipitation (mm) | Intensité (mm/h) |
| 15 | 19.67 | 19.67 | 0-15 | 1.57 | 6.27 |
| 30 | 26.06 | 6.39 | 15-30 | 1.70 | 6.81 |
| 45 | 30.72 | 4.66 | 30-45 | 1.87 | 7.49 |
| 60 | 34.53 | 3.81 | 45-60 | 2.10 | 8.39 |
| 75 | 37.80 | 3.27 | 60-75 | 2.41 | 9.66 |
| 90 | 40.71 | 2.90 | 70-90 | 2.90 | 11.62 |
| 105 | 43.34 | 2.63 | 90-105 | 3.81 | 15.22 |
| 120 | 45.75 | 2.41 | 105-120 | 6.39 | 25.57 |
| 135 | 47.99 | 2.24 | 120-135 | 19.67 | 78.67 |
| 150 | 50.09 | 2.10 | 135-150 | 4.66 | 18.65 |
| 165 | 52.06 | 1.98 | 150-165 | 3.27 | 13.10 |
| 180 | 53.94 | 1.87 | 165-180 | 2.63 | 10.52 |
| 195 | 55.72 | 1.78 | 180-195 | 2.24 | 8.96 |
| 210 | 57.42 | 1.70 | 195-210 | 1.98 | 7.90 |
| 225 | 59.05 | 1.63 | 210-225 | 1.78 | 7.13 |
| 240 | 60.62 | 1.57 | 225-240 | 1.63 | 6.52 |

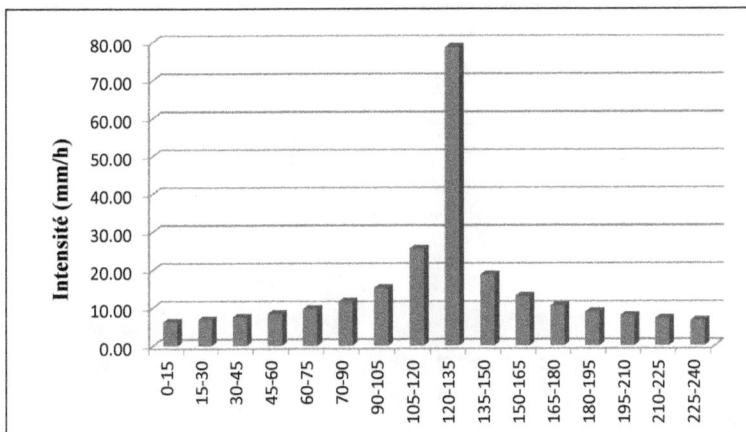

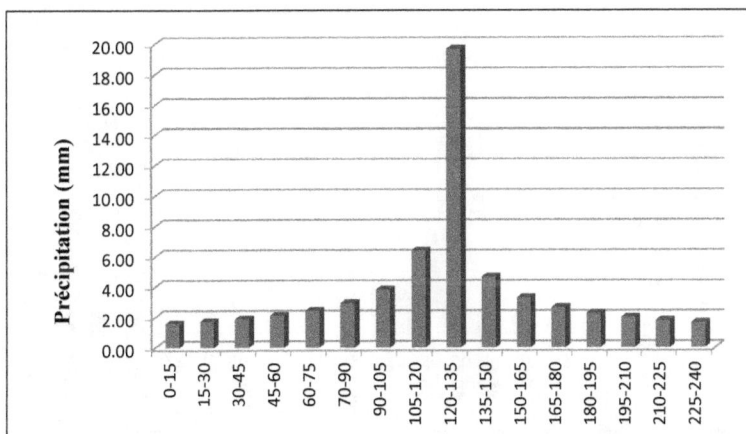

**Hytogramme de crue pour la période de retour 50 ans :**

| 50 ans | | | | | |
|---|---|---|---|---|---|
| Durée (min) | Hauteur cumulée (mm) | Hauteur incrémentée (mm) | Temps (min) | Précipitation (mm) | Intensité (mm/h) |
| 15 | 22.94 | 22.94 | 0-15 | 1.85 | 7.39 |
| 30 | 30.44 | 7.50 | 15-30 | 2.01 | 8.02 |
| 45 | 35.92 | 5.48 | 30-45 | 2.21 | 8.82 |
| 60 | 40.39 | 4.47 | 45-60 | 2.47 | 9.88 |
| 75 | 44.24 | 3.85 | 60-75 | 2.84 | 11.37 |
| 90 | 47.66 | 3.42 | 70-90 | 3.42 | 13.67 |
| 105 | 50.75 | 3.09 | 90-105 | 4.47 | 17.89 |
| 120 | 53.59 | 2.84 | 105-120 | 7.50 | 30.00 |
| 135 | 56.23 | 2.64 | 120-135 | 22.94 | 91.77 |
| 150 | 58.70 | 2.47 | 135-150 | 5.48 | 21.91 |
| 165 | 61.03 | 2.33 | 150-165 | 3.85 | 15.40 |
| 180 | 63.24 | 2.21 | 165-180 | 3.09 | 12.37 |
| 195 | 65.34 | 2.10 | 180-195 | 2.64 | 10.55 |
| 210 | 67.34 | 2.01 | 195-210 | 2.33 | 9.31 |
| 225 | 69.26 | 1.92 | 210-225 | 2.10 | 8.40 |
| 240 | 71.11 | 1.85 | 225-240 | 1.92 | 7.69 |

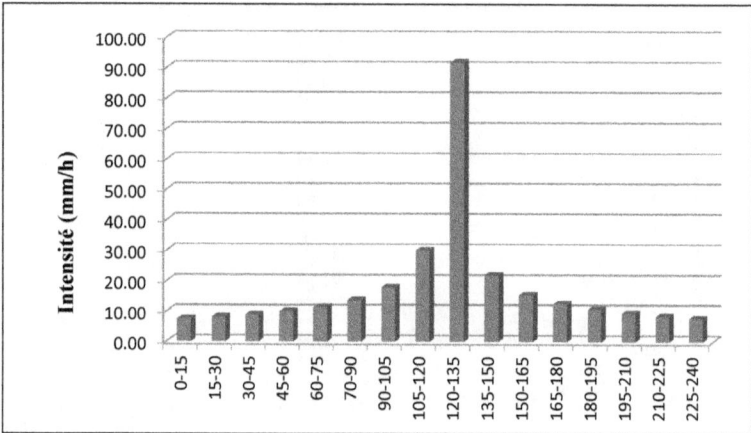

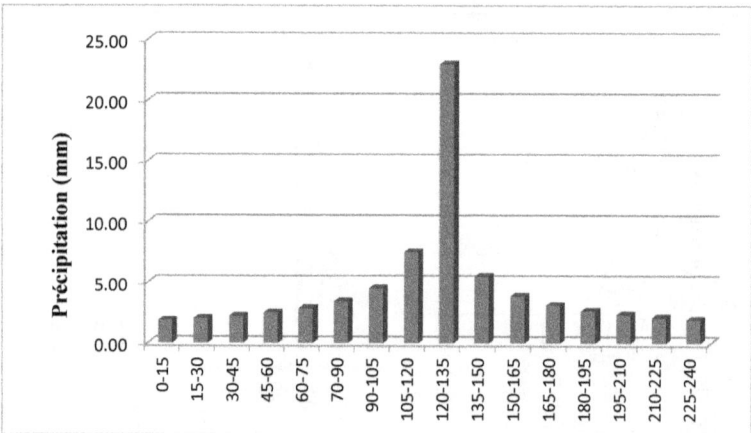

**Hytogramme de crue pour la période de retour 100 ans :**

| 100 ans | | | | | |
|---|---|---|---|---|---|
| Durée (min) | Hauteur cumulée (mm) | Hauteur incrémentée (mm) | Temps (min) | Précipitation (mm) | Intensité (mm/h) |
| 15 | 25.45 | 25.45 | 0-15 | 2.07 | 8.28 |
| 30 | 33.81 | 8.36 | 15-30 | 2.25 | 8.99 |
| 45 | 39.92 | 6.11 | 30-45 | 2.47 | 9.88 |
| 60 | 44.92 | 5.00 | 45-60 | 2.77 | 11.06 |
| 75 | 49.23 | 4.30 | 60-75 | 3.18 | 12.72 |
| 90 | 53.05 | 3.82 | 70-90 | 3.82 | 15.28 |
| 105 | 56.51 | 3.46 | 90-105 | 5.00 | 19.99 |
| 120 | 59.69 | 3.18 | 105-120 | 8.36 | 33.45 |
| 135 | 62.64 | 2.95 | 120-135 | 25.45 | 101.78 |
| 150 | 65.41 | 2.77 | 135-150 | 6.11 | 24.46 |
| 165 | 68.01 | 2.61 | 150-165 | 4.30 | 17.21 |
| 180 | 70.48 | 2.47 | 165-180 | 3.46 | 13.84 |
| 195 | 72.83 | 2.35 | 180-195 | 2.95 | 11.81 |
| 210 | 75.08 | 2.25 | 195-210 | 2.61 | 10.43 |
| 225 | 77.23 | 2.15 | 210-225 | 2.35 | 9.41 |
| 240 | 79.31 | 2.07 | 225-240 | 2.15 | 8.62 |

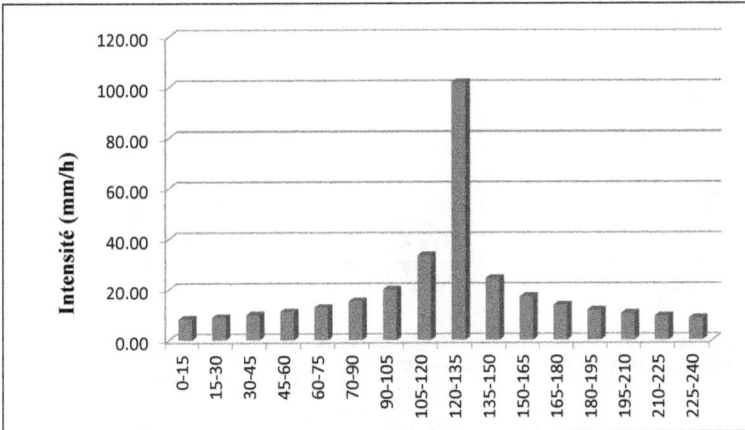

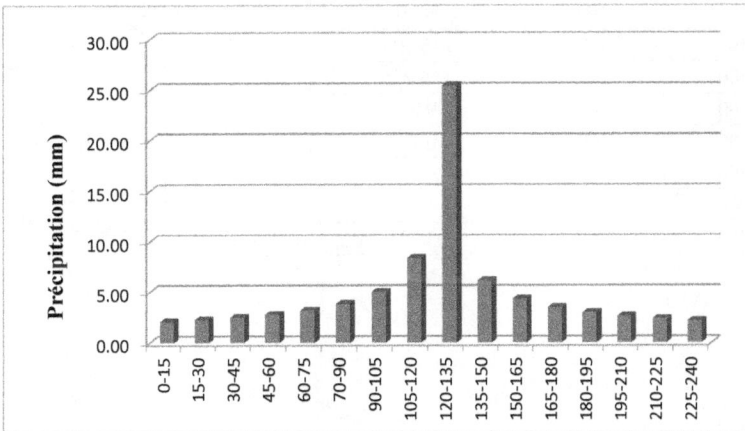

# Courbes hypsométriques

Les courbes hypsométriques des principaux sous bassins versants de la moyenne vallée de la Medjerda sont présentées ci-dessous :

**Sous bassin versant Khalled :**

| Courbes de niveaux | Superficie | | |
|---|---|---|---|
| | (km2) | % | % Cumulées |
| 900-940 | 0.0733 | 0.02 | 0.02 |
| 900-800 | 2.49 | 0.55 | 1 |
| 800-700 | 7.827 | 1.73 | 2 |
| 700-600 | 36.207 | 8.01 | 10 |
| 600-500 | 79.318 | 17.55 | 28 |
| 500-400 | 129.225 | 28.59 | 56 |
| 400-300 | 115.895 | 25.64 | 82 |
| 300-203 | 54.51 | 12.06 | 94 |
| 200-100 | 22.941 | 5.08 | 99 |
| 100-70 | 3.513 | 0.78 | 100 |
| total | 451.9993 | 100 | |

| Courbes de niveaux | | Surface en (km²) |
|---|---|---|
| 70 | 100 | 3.513 |
| 100 | 200 | 22.941 |
| 200 | 300 | 54.51 |
| 300 | 400 | 115.895 |
| 400 | 500 | 129.225 |
| 500 | 600 | 79.318 |
| 600 | 700 | 36.207 |
| 700 | 800 | 7.827 |
| 800 | 900 | 2.49 |
| 900 | 940 | 0.0733 |

| Courbe de niveau | % Cumulées |
|---|---|
| 70 | 100 |
| 100 | 99 |
| 200 | 94 |
| 300 | 82 |
| 400 | 56 |
| 500 | 28 |
| 600 | 10 |
| 700 | 2 |
| 800 | 1 |
| 900 | 0.02 |
| 940 | 0 |

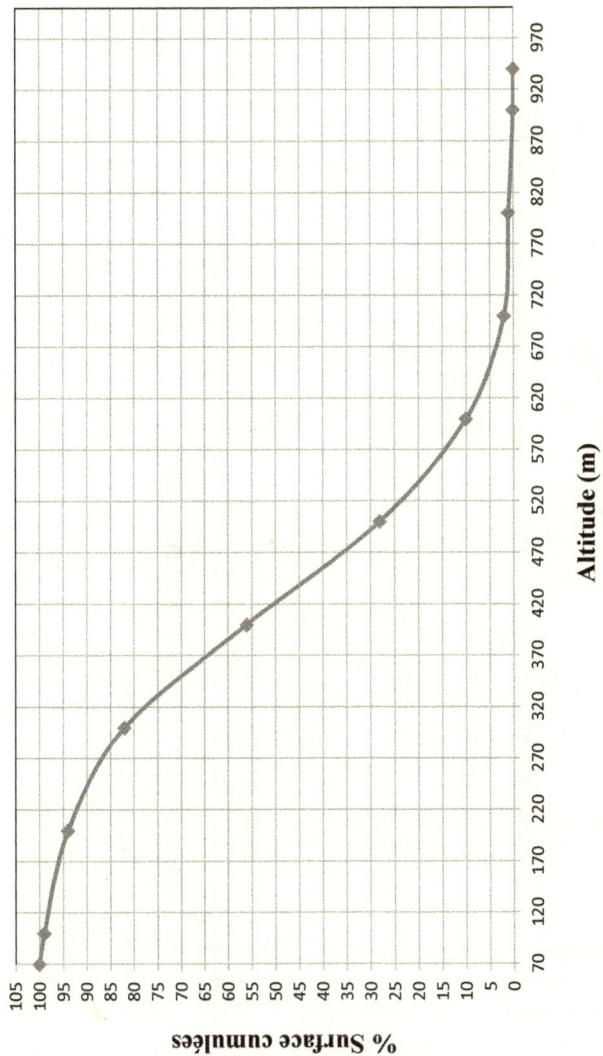

*Courbe hypsométrique de bassin versant Khalled*

**Sous bassin versant Siliana :**

| Courbe de niveau | Superficie | | |
|---|---|---|---|
| | (km2) | % | % Cumulées |
| 1345-1300 | 2 | 0.09 | 0.09 |
| 1300-1200 | 10.1 | 0.46 | 0.5 |
| 1200-1100 | 20.4 | 0.93 | 1.5 |
| 1100-1000 | 50.5 | 2.29 | 3.8 |
| 1000-900 | 90.3 | 4.10 | 7.9 |
| 900-800 | 110.35 | 5.01 | 12.9 |
| 800-700 | 120.3 | 5.47 | 18.4 |
| 700-600 | 234.26 | 10.64 | 29.0 |
| 600-500 | 286.23 | 13.00 | 42.0 |
| 500-400 | 529.25 | 24.05 | 66.0 |
| 400-300 | 464.3 | 21.09 | 87.1 |
| 300-200 | 156.43 | 7.11 | 94.2 |
| 200-100 | 111.71 | 5.08 | 99.3 |
| 100-65 | 14.677 | 0.67 | 100.0 |
| total | 2201 | 100 | |

| Courbes de niveaux (m) | | Surface en (km²) |
|---|---|---|
| 65 | 100 | 14.677 |
| 100 | 200 | 111.71 |
| 200 | 300 | 156.43 |
| 300 | 400 | 464.3 |
| 400 | 500 | 529.25 |
| 500 | 600 | 286.23 |
| 600 | 700 | 234.26 |
| 700 | 800 | 120.3 |
| 800 | 900 | 110.35 |
| 900 | 1000 | 90.3 |
| 1000 | 1100 | 50.5 |
| 1100 | 1200 | 20.4 |
| 1200 | 1300 | 10.1 |
| 1300 | 1345 | 2 |

| Courbe de niveau | % Cumulées |
|---|---|
| 65 | 100.0 |
| 100 | 99 |
| 200 | 96 |
| 300 | 87 |
| 400 | 66 |
| 500 | 42.0 |
| 600 | 29.0 |
| 700 | 18.0 |
| 800 | 12.9 |
| 900 | 7.9 |
| 1000 | 3.8 |
| 1100 | 1.5 |
| 1200 | 0.5 |
| 1300 | 0.09 |
| 1345 | 0 |

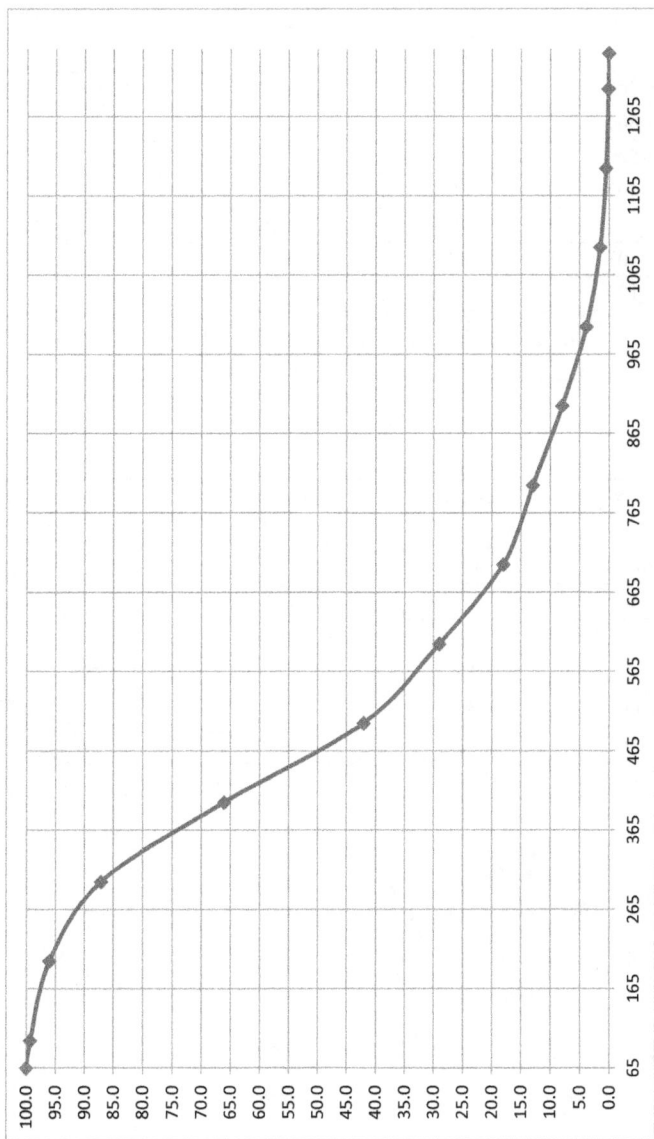

Courbe hypsométrique de bassin versant Siliana

**Sous bassin versant Lahmar:**

| Courbe de niveau | | Superficie | |
|---|---|---|---|
| | (km²) | % | % Cumulées |
| 708-700 | 0.01252 | 0.002 | 0.002 |
| 700-600 | 1 | 0.16 | 0.2 |
| 600-500 | 2.053 | 0.32 | 0.5 |
| 500-400 | 4.821 | 0.75 | 1 |
| 400-300 | 23.66 | 3.70 | 5 |
| 300-203 | 185.77 | 29.07 | 34 |
| 200-100 | 370.42 | 57.97 | 92 |
| 100-43 | 51.25 | 8.02 | 100 |
| total | 639 | 100 | |

| Courbes de niveaux | | Surface en (km²) |
|---|---|---|
| 43 | 100 | 51.25 |
| 100 | 200 | 370.42 |
| 200 | 300 | 185.77 |
| 300 | 400 | 23.66 |
| 400 | 500 | 4.821 |
| 500 | 600 | 2.053 |
| 600 | 700 | 1 |
| 700 | 708 | 0.01252 |

| Courbe de niveau | % Cumulées |
|---|---|
| 43 | 100 |
| 100 | 92 |
| 200 | 34 |
| 300 | 5 |
| 400 | 1 |
| 500 | 0.5 |
| 600 | 0.2 |
| 700 | 0.002 |
| 708 | 0 |

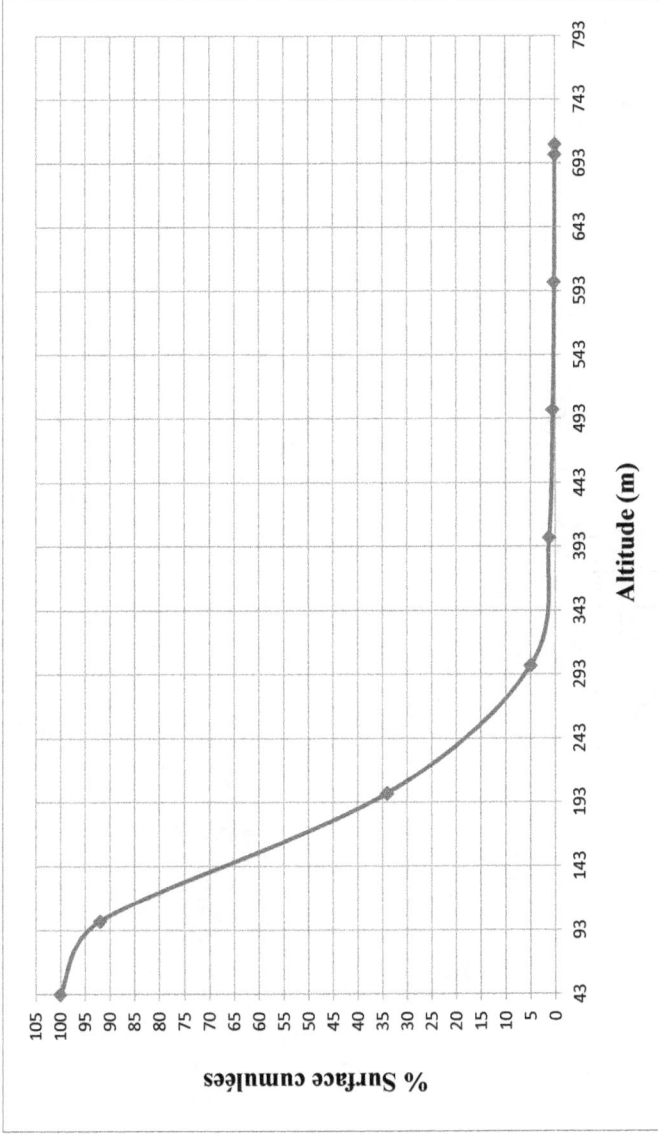

Courbe hypsométrique de bassin versant lahmar

**Sous bassin versant Medjerda:**

| Courbe de niveau | | Superficie | |
|---|---|---|---|
| | (km2) | % | % Cumulées |
| 653-600 | 0.1345 | 0.02 | 0.02 |
| 600-500 | 4.351 | 0.73 | 0.8 |
| 500-400 | 23.498 | 3.93 | 5 |
| 400-300 | 39.753 | 6.65 | 11 |
| 300-203 | 84.362 | 14.11 | 25 |
| 200-100 | 203.69 | 34.06 | 59 |
| 100-35 | 242.21 | 40.50 | 100 |
| total | 598 | 100 | |

| Courbe de niveau | | Surface en (km²) |
|---|---|---|
| 35 | 100 | 242.21 |
| 100 | 200 | 203.69 |
| 200 | 300 | 84.362 |
| 300 | 400 | 39.753 |
| 400 | 500 | 23.498 |
| 500 | 600 | 4.351 |
| 600 | 653 | 0.1345 |

| Courbe de niveau | % Cumulées |
|---|---|
| 35 | 100 |
| 100 | 59 |
| 200 | 25 |
| 300 | 11 |
| 400 | 5 |
| 500 | 0.8 |
| 600 | 0.0 |
| 653 | 0.000 |

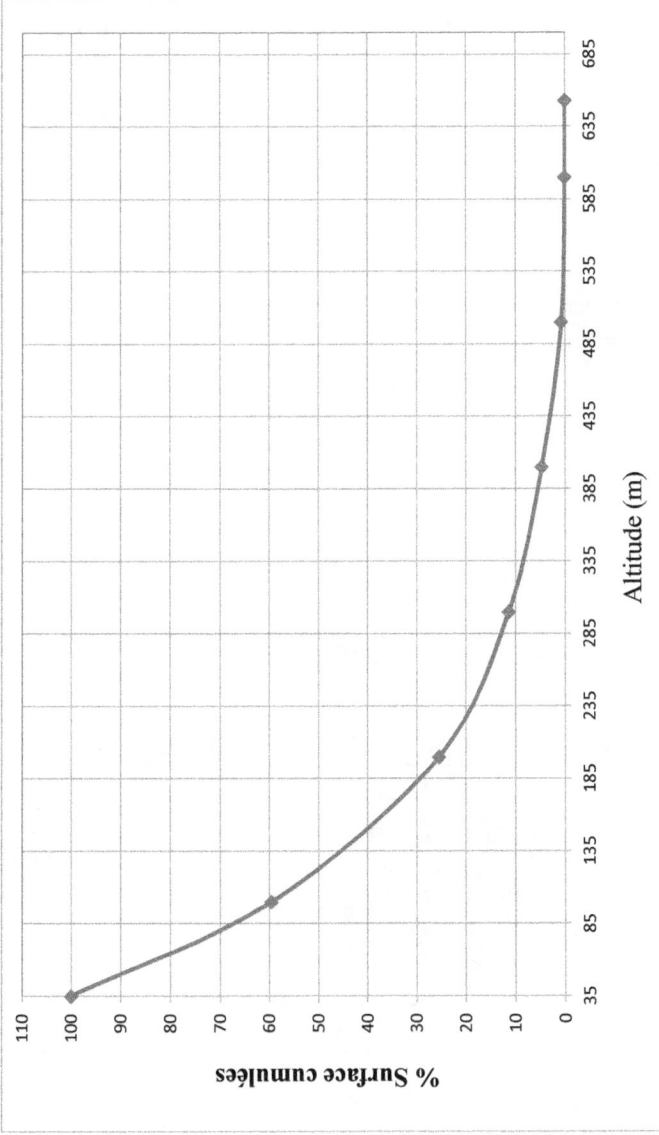

*Courbe hypsométrique de bassin versant Medjerda*

Présentation de la ligne d'eau pour des débits de pointe des périodes de retour 5, 10, 20, 50, et 100 ans

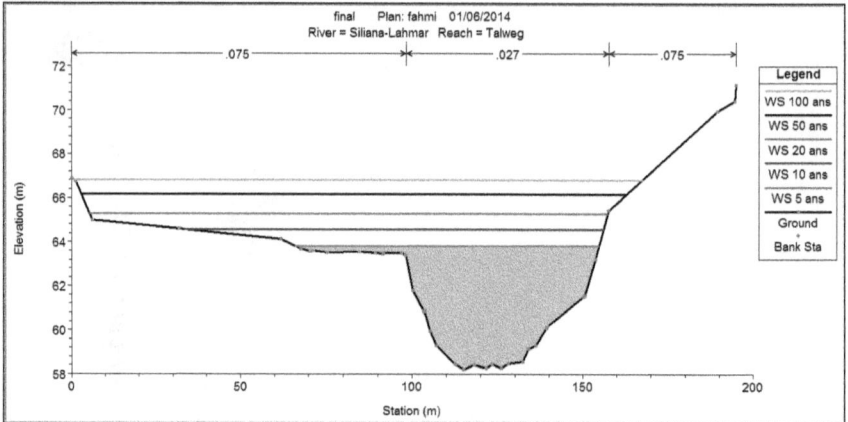

**Profil de la ligne d'eau à Testour**

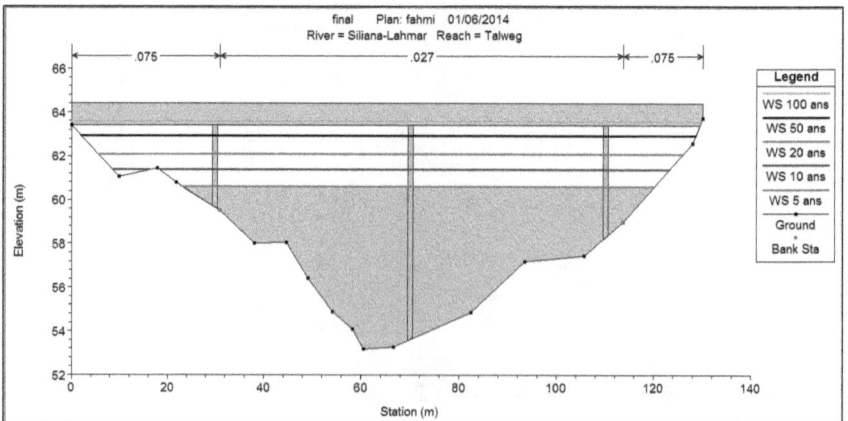

**Profil de la ligne d'eau à Slouguia**

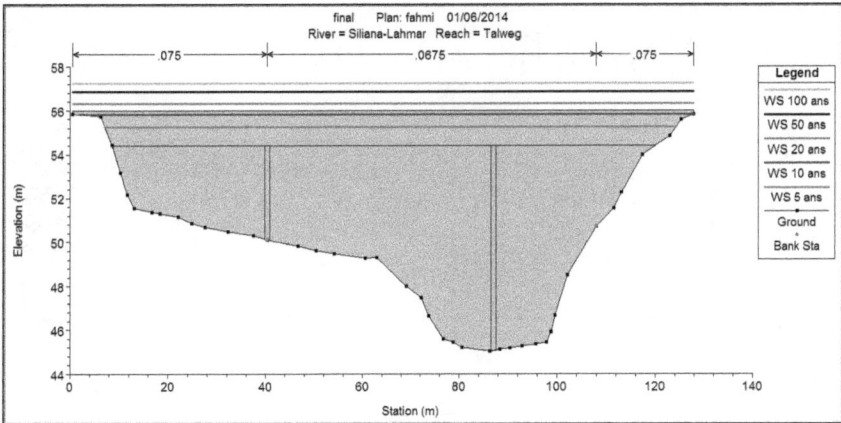

**Profil de la ligne d'eau à Medjez El Beb (GP5)**

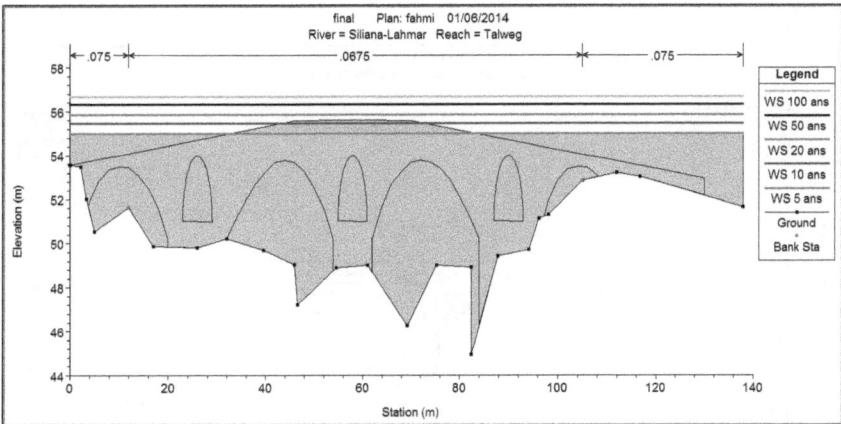

**Profil de la ligne d'eau à Medjez El Beb  (Pont El Andalous)**

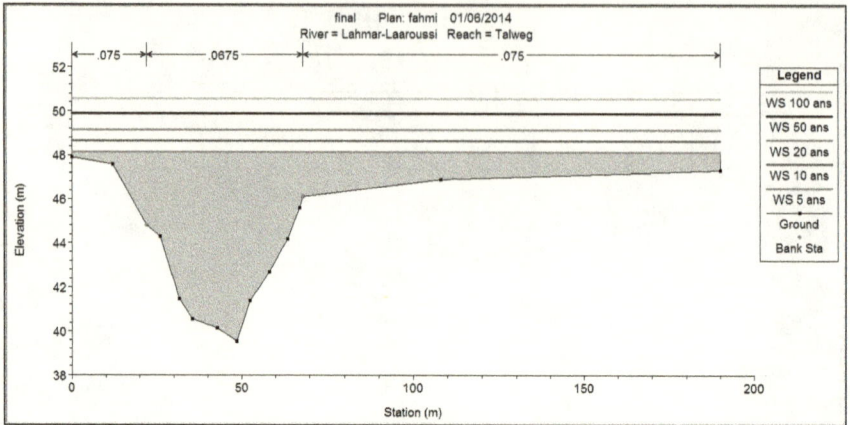

**Profil de la ligne d'eau à El Herri**

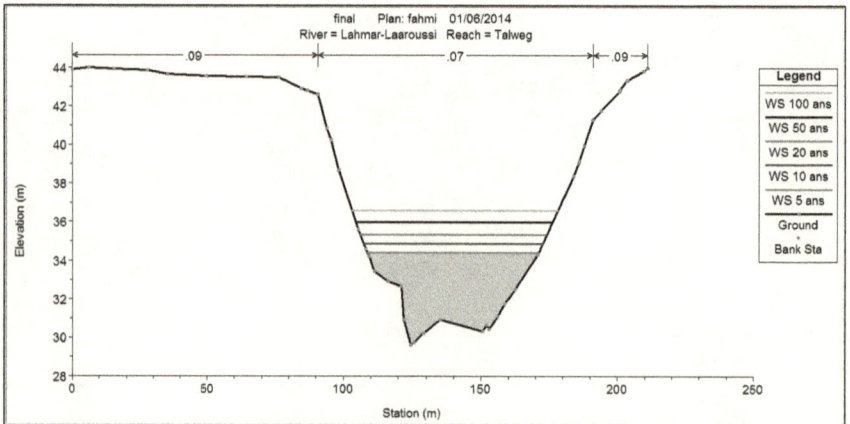

**Profil de la ligne d'eau à Laaroussia**

# Annexe 4:

**Barrage R'mil :**

| Storage (1000 m3) | Dicharge (m³/s) |
|---|---|
| 4000 | 0 |
| 4020 | 0.83 |
| 4041 | 2.35 |
| 4061 | 4.32 |
| 4068 | 5.06 |
| 4075 | 8.38 |
| 4082 | 6.65 |
| 4102 | 9.3 |
| 4116 | 11.21 |
| 4129 | 13.25 |
| 4136 | 14.31 |
| 4156 | 17.65 |
| 4170 | 20 |
| 4184 | 22.45 |
| 4204 | 26.9 |
| 4224 | 30.33 |
| 4258 | 37.48 |
| 4292 | 45.12 |
| 4306 | 48.3 |
| 4340 | 56.57 |
| 4398 | 70.67 |
| 4412 | 74.36 |
| 4484 | 93.71 |
| 4506 | 99.79 |
| 4556 | 114.49 |
| 4592 | 125.39 |
| 4664 | 148.15 |
| 4738 | 172.15 |
| 4776 | 184.59 |

**Barrage Lakhmes :**

| Storage (1000 m3) | Dicharge (m3/s) |
|---|---|
| 7320 | 0 |
| 7470 | 1.6 |
| 7500 | 2 |
| 7517 | 2.01 |
| 7553 | 8.45 |
| 7575 | 9.25 |
| 7576 | 9.47 |
| 7597 | 10.05 |
| 7610 | 10.45 |
| 7621 | 10.85 |
| 7631 | 11.25 |
| 7644 | 11.65 |
| 7655 | 12.05 |
| 7666 | 12.45 |
| 7677 | 14.05 |
| 7711 | 15.65 |
| 7733 | 17.25 |
| 7745 | 18.05 |
| 7756 | 18.85 |
| 7779 | 20.45 |
| 7802 | 22.45 |
| 7848 | 26.45 |
| 7860 | 27.45 |
| 7871 | 28.65 |
| 7904 | 31.65 |
| 7963 | 37.75 |

**Barrage Sidi Salem :**

| storage (1000 m3) | Dicharge (m3/s) |
|---|---|
| 641995 | 0.00 |
| 643682 | 0.19 |
| 645946 | 1.36 |
| 648777 | 3.18 |
| 651607 | 5.41 |
| 654438 | 8.00 |
| 657296 | 11.00 |
| 660154 | 14.38 |
| 663012 | 18.11 |
| 665300 | 21.35 |
| 667101 | 24.81 |
| 669000 | 28.05 |
| 672217 | 32.40 |
| 674524 | 36.5 |
| 679409 | 41.9 |
| 680320 | 47.60 |
| 683230 | 53.61 |
| 686140 | 59.91 |
| 689051 | 66.49 |
| 692514 | 74.74 |
| 694923 | 120 |
| 697858 | 127.81 |
| 700794 | 135 |
| 703756 | 140 |

| | |
|---|---|
| 706716 | 151.00 |
| 709676 | 159 |
| 712637 | 167 |
| 715623 | 168.00 |
| 718011 | 183.85 |
| 720400 | 191 |
| 722191 | 196.50 |
| 723982 | 202 |
| 725484 | 207 |
| 727590 | 213.30 |
| 729396 | 219 |
| 753047 | 266.8 |
| 754070 | 271.4 |
| 754883 | 273.8 |
| 755500 | 276.4 |
| 756107 | 278.9 |
| 756719 | 281.4 |
| 757331 | 283.9 |
| 757943 | 286.5 |
| 758555 | 289 |
| 759156 | 291.5 |
| 759778 | 294 |
| 760320 | 296.6 |
| 761002 | 299.13 |

**Barrage Siliana :**

| Storage (1000 m3) | Dicharge (m3/s) |
|---|---|
| 53000 | 0 |
| 53039 | 5 |
| 53112 | 6.2 |
| 53184 | 7.4 |
| 53257 | 8.6 |
| 53409 | 11 |
| 53692 | 15.8 |
| 53902 | 19.4 |
| 54182 | 24.2 |
| 54472 | 29.3 |
| 54742 | 33.8 |
| 54882 | 36.2 |
| 55372 | 44.6 |
| 55712 | 49.6 |
| 55969 | 53 |
| 56192 | 56.6 |
| 56210 | 59 |
| 56280 | 60.2 |
| 56490 | 63.8 |
| 56770 | 72.5 |
| 56910 | 77.5 |
| 56980 | 80 |
| 57050 | 82.5 |
| 57190 | 87.5 |
| 57260 | 90 |
| 57330 | 92.5 |
| 57470 | 97.5 |
| 57540 | 100 |
| 57680 | 107.5 |
| 57820 | 110 |
| 58030 | 117.5 |
| 58170 | 122.5 |
| 58310 | 127.5 |
| 58520 | 135 |
| 58730 | 142.50 |
| 58870 | 147.5 |
| 58940 | 150.00 |
| 59080 | 155 |
| 59150 | 157.5 |

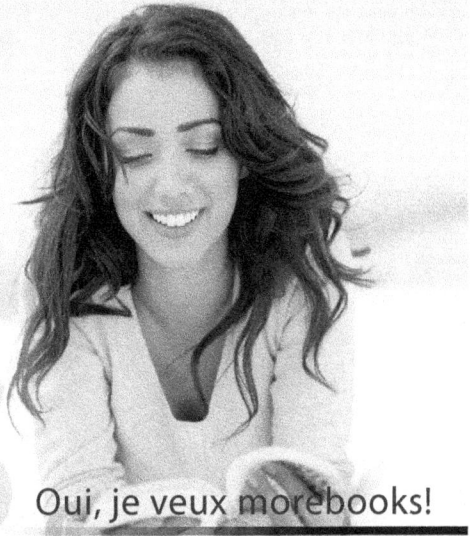

www.ingramcontent.com/pod-product-compliance
Lightning Source LLC
Chambersburg PA
CBHW021105210326
41598CB00016B/1340